岭南传统建筑技艺技能实践

刘光辉　郭晓敏　编著

清 华 大 学 出 版 社

北京交通大学出版社

·北京·

内 容 简 介

千百年来，岭南传统建筑工匠经过辛勤的劳动，结合岭南地区的气候和人民生活特点，发展并创新了一批极具地方特色、风格独特的建筑装饰技艺，主要以灰塑、陶塑、石雕、砖雕、木雕、嵌瓷和彩画七种技艺为主。本教材将理论与实践紧密结合，从文化和实操两个方面着手，配合大量精美的图片资料，详细介绍了灰塑、陶塑、石雕、砖雕、木雕、嵌瓷和彩画这七种岭南传统建筑技艺的文化背景（历史发展、种类、题材、风格特点和建筑载体）、工具、材料、工艺流程、工程训练方法和技艺的传承与发展。

本书可作为高职建筑类专业的教材，也可作为相关技能培训教材和参考书。

图书在版编目（CIP）数据

岭南传统建筑技艺技能实践 / 刘光辉，郭晓敏编著. —北京：北京交通大学出版社：清华大学出版社，2020.10

ISBN 978-7-5121-4335-7

Ⅰ. ①岭…　Ⅱ. ①刘…　②郭…　Ⅲ. ①古建筑-建筑艺术-广东　Ⅳ. ①TU-092.2

中国版本图书馆 CIP 数据核字（2020）第 181019 号

岭南传统建筑技艺技能实践
LINGNAN CHUANTONG JIANZHU JIYI JINENG SHIJIAN

责任编辑：谭文芳	

出版发行：	清 华 大 学 出 版 社	邮编：100084	电话：010-62776969	http://www.tup.com.cn
	北京交通大学出版社	邮编：100044	电话：010-51686414	http://www.bjtup.com.cn
印 刷 者：	艺堂印刷（天津）有限公司			
经　　销：	全国新华书店			
开　　本：	185 mm×260 mm　　印张：10.5　　字数：263 千字			
版 印 次：	2020 年 10 月第 1 版　　2020 年 10 月第 1 次印刷			
定　　价：	68.00 元			

本书如有质量问题，请向北京交通大学出版社质监组反映。对您的意见和批评，我们表示欢迎和感谢。

投诉电话：010-51686043，51686008；传真：010-62225406；E-mail：press@bjtu.edu.cn。

本书编委会（排名不分先后）

前　言

　　岭南传统建筑起于秦汉，立于唐宋，成于明清。其风格独特，历史悠长。岭南作为长期对外交流的中心，较早受到外来文化影响，近代岭南的人文精神表现为开放包容、开拓创新与开明务实等风气。近代岭南传统建筑将本土与西方建筑风格相融合，采用现代化建筑材料和建造技艺，整体发展也体现上述兼容并蓄的风气。岭南传统建筑装饰作为岭南传统建筑重要的组成部分，与建筑之风格和文化之风韵一脉相连，既承载了必不可少的装饰功能，也充满了岭南文化特质。

　　《周礼·考工记》有载："攻木之工七，攻金之工六，攻皮之工五，设色之工五……"我国自古对营造技艺与装饰技艺十分重视，岭南建筑汲取了中原建筑文化底蕴，结合岭南当地文化，经过历代匠人们的演绎，发展创新了一批极具地方特色的装饰技艺，具有很高的历史和艺术价值，在中华优秀传统文化中独树一帜，璀璨夺目。

　　岭南传统建筑装饰技艺主要包括以下七种。

　　（1）灰塑：灰塑作为岭南传统建筑特有的室外装饰艺术，以贝灰或石灰为主要材料，拌上稻草或草纸，经反复锤炼，制成草筋灰、纸筋灰，并以瓦筒、铜线为支撑物，在施工现场塑造出寓意丰富、形态各异的作品。

　　（2）陶塑：陶塑是广府地区传统建筑屋脊最具代表性的装饰工艺，一般通过配制陶土、泥胚制作、调釉上釉、柴窑烧制等工序制作完成，在施工现场进行拼接安装。

　　（3）砖雕：砖雕应用载体丰富，纹饰精美多姿，是岭南建筑一大装饰特色。广府砖雕可在单块砖上进行独件砖雕，也可用若干块联合完成砖雕。砖雕雕刻手法分为阴刻、浅浮雕、高浮雕、透雕及圆雕等，砖雕经过构思、修砖、上样、凿线刻样、开坯、打坯、出细、修补、整体收拾及拼接安装等组成。

　　（4）木雕：木雕在建筑中运用最广泛，岭南地区主要分广府和潮汕两种风格，广府地区善于原木精雕，潮汕善于金漆木雕。木雕雕刻技法分为沉雕、浮雕、透雕、圆雕及镂通雕等。木雕首先要选用合适的材料，然后进行图纸设计，根据要求采用不同的雕刻技艺，经过粗雕、精雕和表面处理，完成木雕作品。

　　（5）石雕：石雕技艺在潮汕最为精致，多表现在柱子、门楼等部位；石雕精致细腻，善于挂线砖雕技法，多用小青砖拼接；石雕雕刻技法分为浮雕、圆雕、沉雕、影雕、镂雕及透雕等，石雕首先选用合适的石料，经过起草稿、"捏""剔""磨""镂""雕"等工序，完成石雕作品。

　　（6）嵌瓷是用碎瓷片通过艺术性拼贴，展现在建筑屋脊、墙壁等部位的独特建筑艺术形式；嵌瓷的制作过程主要分为图稿设计、灰浆调制、塑胚胎、敲剪瓷片、镶嵌瓷片，最后综合调整。

　　（7）彩画是绘于建筑墙壁、屋檐下、大门等部位的建筑装饰技艺，用桐油加矿物质颜料可以保证10年左右不褪色。彩画绘制通过打底、起稿、调色入胶、勾线、填色、描绘、贴金及罩光等工序完成作品。

　　本书编写的目的是弘扬岭南传统建筑工匠精神、传承岭南传统建筑装饰技艺和培养岭南传统建筑技艺人才。本书可作为高职古建筑工程技术、建筑室内设计、建筑设计、风景园林和园林工程技术等专业的教材；古建筑工程技术专业现代学徒制班学生使用的教材；文保或古建筑部门人员的培训资料；地方古建筑工人的培训资料；乡村振兴基层项目的培训资料。本书介绍的工艺制作内容由广东省 19 位传统建筑技艺名匠及其他相关 30 位技艺工匠提供，作者通过跟拍和采访，记录工匠们口述，获取第一手详实资料，并对资料梳理、归纳和总结，具有一定的工艺代表性和普适性。由于各地工艺之间难免存在差异，本书只做了共性的概括，日后将随着进一步的调研、梳理与总结，进行修订，希望各位专家与读者多提出宝贵意见，让本书发挥其更大的作用。

编者
2020 年 8 月

目　录

绪论　岭南传统建筑文化背景

内容	知识目标	能力目标	素质目标
1. 岭南传统建筑三大体系	了解岭南传统建筑三大体系	掌握岭南传统建筑的三大体系及归纳其特点	能够对岭南传统建筑三大体系有深刻的了解与应用
2. 岭南传统建筑技艺的种类	了解岭南传统建筑技艺的种类	掌握岭南传统建筑技艺的种类	能够掌握并能够辨认出岭南传统建筑技艺的种类及特色
3. 岭南传统建筑装饰题材及特色	了解岭南传统建筑装饰题材和特色	掌握岭南传统建筑装饰的题材与特色	能够绘制一些岭南传统建筑装饰题材，并进行一定的研究

一、岭南传统建筑三大体系

中国传统文化博大精深，传统建筑文化是其中极其重要的组成部分。岭南传统建筑是在其独特的地理环境、久远的历史文化和淳朴的民俗民风的基础上发展起来的，拥有着悠久的发展历史。作为中国八大建筑派系之一，岭南建筑基于传统，承接现代，扎根本土，又融合中西，极具文化价值。

与广府、潮汕和客家三大民系呼应，岭南地区形成了三大建筑体系——广府建筑、潮汕建筑和客家建筑。为适应岭南地区的自然气候环境、社会经济水平和生活特点，广府民居中出现极具特色的"三厅两廊""竹筒屋""西关大屋"，解决了通风、防热、防潮等问题；潮汕民居形式多样，包括有"竹竿厝""下山虎""四点金""驷马拖车"等民居种类；客家民居则形成了注重风水、增强防卫性的围屋土楼，极具客家地方特色。

二、岭南传统建筑技艺的种类

传统建筑装饰工艺的产生和发展是特定历史时期政治、经济、文化、技术诸多方面条件的综合产物。岭南传统建筑装饰艺术能够形成它独特的艺术样式，有三个最基本的社会条件为依托，即特定人群的观念意识、社会生产方式和特殊的民俗生活环境。岭南人民在自身独特的文化基础上，适应本地区的地理、气候、生产和生活情况，发展了一系列服务于社会各阶层人民的传统建筑类型。

岭南传统建筑装饰的技艺以木雕（图 0-1）、砖雕（图 0-2）、石雕（图 0-3）、陶塑（图 0-4）、灰塑（图 0-5）、嵌瓷（图 0-6）和彩画（图 0-7）为主。总体而言，岭南传统建筑的装饰风格或华丽典雅或古朴清逸，展现出深厚的岭南文化底蕴。

图 0-1　木雕（南社古村）

图 0-2　砖雕（资政大夫祠）

图 0-3　石雕（陈家祠）

图 0-4　陶塑（南社古村）

图 0-5　灰塑（开平自力村）

图 0-6　嵌瓷

图 0-7　彩画

三、岭南传统建筑装饰题材及特色

岭南地区传统建筑装饰是中国古代装饰艺术的一部分，既秉承中国古代装饰艺术的共性，同时又受特定地域、历史、文化的影响，呈现出鲜明的个性。这些共性及个性的呈现，不止于形象本身，而是有着更为深层的意蕴。

1. 装饰题材

岭南地区古建筑的装饰，依据内容的题材可分为人物类、祥禽瑞兽类、植物类、器物组合类、文字类、几何纹等。

1）人物与场景组合

情节多采自传统小说、戏曲、神话故事，例如《三国演义》《西游记》《西厢记》《二十四孝》，等等。许多传统建筑装饰如隔扇、梁柱、大型砖雕、石湾陶塑脊饰等所表现的内容，都是戏剧剧目中常见的片段，例如以历史、戏曲和民间传说为题材的木雕、陶塑瓦脊有："穆桂英挂帅""姜子牙封神""哪吒闹海""牛郎织女""三星供照""八仙祝寿""将相和""三顾茅庐""渔歌唱晚"等。这些都是封建社会的传统意识和价值取向的表现，有着数千年传统的儒家思想成为中国封建社会的统治意识，忠、孝、仁、义成了社会的道德标准；福、禄、寿、喜，招财进宝，喜庆吉祥成了人们的理想追求。

2）汉语谐音的运用

中国人逢遇喜庆吉祥，偏好讨个"口彩"。这其中就应用了汉语的一个重要特征：汉字有许多读音相同，字义相异的现象。利用汉语的谐音可以作为某种吉祥寓意的表达，这在装饰图案中的运用十分普遍。例如，一只鹌鹑与九片落叶组成"安居乐业"（鹌居落叶）；鱼谐音"余"，梅谐音"眉"、喜鹊代"喜"、花生代"生"，等等。以上各例，就可分别组合以表达"吉庆有余""喜上眉梢"，"早生贵子"（枣，花生，桂圆，莲子）等意义了，又有以硕果累累的芭蕉树大而茂盛的芭蕉叶来寓意"创大叶（业）"，以各种岭南缠枝瓜果图形来表现寓意子孙昌盛、连绵不断的内容等。

3）动植物的象征

自然界的各种动植物由于生态、环境、条件等因素，形成了各种不同的生态属性，人们借物喻志，附会象征。例如"梅、兰、竹、菊"象征君子高洁的人格，鹿不食荤腥、性情温顺比作仁，马顺从主人则谓之义，儒家提倡的忠、孝、仁、义等抽象的概念就有了具体的象征物。又如鸳鸯雌雄成对，形影不离，用雌雄鸳鸯并浮水面，即"鸳鸯戏水"寓意夫妻恩爱。

4）对有代表性事物的寓意

用代表性事物来寓意吉祥喜庆，是吉祥图案对素材较为直接的应用方式，能给人最为直观的祈福印象。例如金钱、玉石、元宝等都是财物象征，将其直接应用于工艺品上，表示对富贵的追求；灯彩是传统的喜庆之物，将灯笼绘上五谷寓意五谷丰登、丰衣足食。笔墨纸砚、琴棋书画用来寓意书香雅阁，文人雅士；具有宗教渊源的吉祥图案，如道教的"明暗八仙"和佛教的"八宝"，是典型的用各家代表性的物品寓意吉祥的范例。

5）吉祥文字的直接应用

文字本身就具有很好的装饰性，其各种变体或书法形式都有较强的表现张力，因此直接将吉祥文字装饰在客体上是一种很好的表现手段。常用的文字有"福""禄""寿""喜"四个字，与室内艺术品或屏风雕刻相结合起来，体现出书法艺术、民族艺术和传统文化相应相生，颇具意味。特别值得一提的是，在岭南地区古建筑装饰中，夔龙卷草纹样得到大量运用，夔（kuí）是一种传说中的神兽，常用在青铜器上作装饰，并与龙纹结合成为夔龙纹，是青铜器、玉器上常见的装饰纹样，具有神圣、崇高与权力的象征意义。岭南地区的粤人自古以蛇为图腾，蛇为龙的原型，所以大量地使用夔龙纹样作为装饰并非偶然，是古老的百越文化影响的积淀和显现。

"越"即"粤"，古代"粤"与"越"通用。越与粤，古音读如 Wut、Wat、Wet。是古代呼"人"语音，"越"是"人"的意思。"百越"的"百"是多数、约数，而不是确数。自秦朝统一中国后，随着中原移民的南迁，这些百越部落一部分被南迁的中原汉族所融合，大部分演化为今天的京族、高山族、壮族、瑶族、黎族、布依族、傣族、侗族、畲族、仡佬族、毛南族、仫佬族、水族等的少数民族，广东地区的南越、西瓯、骆越等部落演化为今天广东地区的壮族、瑶族、畲族等少数民族。

2. 建筑装饰的特色

（1）结合当地气候特点。岭南地区古建筑的装饰技艺分工很明确，充分考虑了广东地区的气候特点，如石檐柱、倒锥形柱础、大量陶塑构件、隔扇及满洲窗上玻璃的运用，可以很好地抵御沿海地区的暴风雨侵袭及适应当地的潮热气候。

（2）根据不同的建筑部位进行不同精细程度的装饰。考虑适当的观赏角度和人体尺度数据，针对不同的建筑部位进行不同精美程度的装饰。如祠堂建筑以屋脊、入口作为装饰的重点部位；民居注重宅门的装饰；园林建筑则重视门、窗、隔断部位的装饰，而其他部位则不作过度的装饰，装饰的使用繁简有致。充分考虑其观赏效果，高出人的正常视线范围的装饰，则多在加工时会作夸大的形象处理。

（3）善于运用夸张的艺术表现手法概括、提炼艺术形象。如陶塑瓦脊的装饰处理，对所表现的形象均作高度概括，并带有变形手法。特别是对戏剧、小说、民俗、神话等方面题材的处理，多运用舞台布景、道具和人物活动的构成手法，使艺术形象有特写镜头之感。建筑装饰雕塑中还善于把理想的事物和现实的东西结合起来，处理理想事物时以现实为基础，处理现实的事物时又体现出理想的境界。脊饰的兽吻，塑造的是飞翔在云天的鳌鱼，突破了传统的做法，鳌鱼的两根长须伸向晴空，显得气势非凡，使屋顶轮廓线更为优美。这种表现形式，与民间流传兽吻为防火避灾的用意一致，同时迎合了人们祈望子孙后代独占鳌头的心理。

（4）装饰繁密、细腻、通透。广府地区传统建筑的装饰材料均采用本地区的常见原材料，但通过能工巧匠的精湛技艺，让这些平实的材料成了精美的装饰构件。

课后练习题目

一、选择题

1. 岭南传统建筑的装饰风格或华丽雅致或（　　），展现出深厚的岭南文化底蕴。
　　A. 粗糙简单　　　B. 简单朴素　　　C. 古朴清逸　　　D. 精细秀丽

2. 中国人逢遇喜庆吉祥，偏好讨个"口彩"利用汉语的谐音可以作为某种（　　）的表达，这在装饰图案中的运用十分普遍。

　　　A．精神寄托　　　　B．童趣　　　　　C．直白　　　　　　D．吉祥寓意

　　3．自然界的各种动植物由于生态、环境、条件等因素，形成了各种不同的生态属性，人们（　　），附会象征。

　　　A．寄情于物　　　　B．借物喻志　　　C．模仿复制　　　　D．临摹联系

　　4．具有宗教渊源的吉祥图案如道教的"明暗八仙"和佛教的（　　），是典型的用各家代表性的物品寓意吉祥的范例。

　　　A．日月神　　　　　B．八宝　　　　　C．八仙　　　　　　D．莲花座

　　5．岭南地区的粤人自古以蛇为图腾，蛇为龙的原型，所以大量地使用（　　）作为装饰并非偶然，是古老的百越文化影响的积淀和显现。

　　　A．回纹　　　　　　B．凤纹　　　　　C．夔龙纹　　　　　D．云纹

二、填空题

　　1．与广府、潮汕和客家三大民系呼应，岭南地区形成了与三大民系对应的三大建筑体系：_____、_____、_____。

　　2．广府民居中出现极具特色的_____、_____、_____，解决了通风、防热、防潮等问题。

　　3．潮汕民居形式多样，包括有"竹竿厝""下山虎""_____""_____"等民居种类。

　　4．岭南传统建筑装饰中人物与场景组合情节多采自_____、_____、_____，例如《三国演义》《西游记》《西厢记》《二十四孝》，等等。

　　5．数千年传统的儒家思想成为中国封建社会的统治意识，_____、_____、_____、_____成了社会的道德标准；_____、_____、_____、_____，招财进宝、喜庆吉祥成了人们的理想追求。

三、简答题

　　1．岭南传统建筑技艺的种类有哪些？

　　2．岭南传统建筑三大体系是什么？每个体系的内容与特点是什么？

　　3．岭南传统建筑的装饰题材有哪些？

　　4．岭南传统建筑装饰的特点有哪些？

第一章　灰　　塑

1．灰塑技艺课程设计思路

灰塑，古称灰批，是岭南地区的一种传统建筑装饰技艺。材料以石灰为主，作品依附于建筑墙壁和屋脊或其他建筑工艺上，渊源甚早，以明清两代最为盛行，尤以祠堂、寺庙和大宅用得最多。2008 年 6 月 7 日，"灰塑"经国务院批准列入第二批国家级非物质文化遗产名录，邵成村为灰塑国家级、省级、市级非物质传承人。

培训依据"能力核心、系统培养"的指导思想，按照国家级民族文化传承与创新示范专业的要求，制定专业教学标准和课程标准，针对古建筑修缮工程和仿古建筑建造人才的培养，进行岭南传统建筑**灰塑技艺教学与实训课程（项目）的**设计。课程采用**文化背景+任务实训**循序渐进的、寓教于乐的教学模式。由于灰塑是一门与绘画、雕塑艺术息息相关的传统建筑技艺，所以，需要进行必要的图案绘制训练。

2．课程内容

灰塑文化背景	1	灰塑的历史发展
	2	灰塑的种类
	3	灰塑的题材及特色
	4	灰塑的建筑载体
	5	灰塑的现状与传承情况
灰塑任务实训	1	灰塑的工具
	2	灰塑的材料
	3	灰塑的制作工艺流程
	4	灰塑的修复工艺流程
	5	工程训练

3．训练目标

通过文化与实操学习，具备灰塑的材料发酵制作、扎骨架、塑造、上色和拼接的技术知识与技能，能够进行传统建筑灰塑的制作修缮。学习岭南传统建筑技艺"灰塑"，践行工匠精神，感受深厚的中华传统优秀文化底蕴，弘扬和传播工匠精神，做到坚毅专注、精益求精。

4．课程考核

培训考核成绩=理论成绩（30%）+实训室实操考核成绩（50%）+工地实操考核成绩（20%）。考核总成绩达到 60 分以上才合格，并依据考核成绩高低设置优秀、优良、合格三个等级。

一、灰塑文化背景

课程内容	知识目标	能力目标	素质目标
1. 灰塑的历史发展	了解灰塑的历史发展	掌握灰塑的历史与发展	能够通过联系岭南地区的人文历史，全面了解灰塑的历史发展
2. 灰塑的种类	了解灰塑的种类与实用功能与作用	掌握灰塑的物理性能，进行微气候改造	能够利用灰塑在传统建筑中的作用，进行研究与利用
3. 灰塑的题材及特色	了解灰塑的题材及特色	熟练掌握灰塑的题材及特色	能够轻松辨识灰塑的题材，并掌握灰塑的作用及特色
4. 灰塑的建筑载体	了解灰塑的建筑载体	掌握并识别灰塑的建筑载体	能够熟悉岭南建筑的各部分结构，清楚辨别灰塑在各部分使用的特点

（一）灰塑的历史发展

关于灰塑的起源，有许多不同的说法，通常的观点是灰塑来自佛教，据《宋高僧传》的相关记载："中和四年，表进上僖宗皇帝，敕以其焚之灰塑像，仍赐谥曰真相大师。" 经过潜心钻研后，学者们猜想当时可能已存在灰塑，另外从"敕以其焚之灰塑像"这句话中，发现唐僖宗令将焚化后的骨灰，并塑造成立体佛像或者是佛塔上的佛像，推测灰塑可能来源于泥塑工艺。

灰塑最具代表性的区域为广府，一方面因为该地区灰塑的历史记载和文物保存较为完整，另一方面现可考证最早的灰塑作品是明代佛山祖庙中的"郡马梁祠"牌坊，又称褒宠牌坊。据《广州市志卷十六》文物志记载，在南宋庆元三年年间，增城正果寺已运用了灰塑工艺；而明清两代则是广州灰塑发展最为兴盛的时期，其主要运用于祠堂、庙庵、寺观和豪门大宅，如广州陈家祠、佛山祖庙、佛山清晖园、三水胥江祖庙、花都资政大夫祠等。民国初期至1949年初期，灰塑仍较普遍地用于建筑，然而在"文革"期间，灰塑工艺受到了严重的摧毁和破坏，导致灰塑艺人被迫转行，大量人才流失，直到改革开放后，随着国家对非物质文化遗产的重视和保护，灰塑艺人的地位也得到一定的提升。现在由于对传统建筑修复的需要，不少灰塑艺人重拾旧业，带了学徒，这有利于传统灰塑工艺的传承与发展。

所谓"一花独放，不如春色满园"，灰塑亦是如此，它不仅吸收了砖雕、陶塑、木雕及西方美术等元素，还融入了同期其他工艺的优点，这让传统灰塑与其他工艺美术领域能够相互碰撞并彼此渗透，为广府建筑艺术与工艺美术领域都画上了浓墨重彩的一笔，例如佛山梁园的灰塑虽已残旧受损，但还是依稀从轮廓中看出灰塑的样式，在建筑中起到了中心点缀的作用（图1-1）。

图1-1　梁园（佛山梁园）

（二）灰塑的种类

灰塑的种类有半浮雕、浅浮雕、高浮雕、立体雕和通雕。

（1）半浮雕。半浮雕又称"半浮沉"，因其仅依靠部分凸起塑造形体，余下的形状图案以描绘完成而得名，常用于祠堂、装饰较多的民居墙楣或远景构图上。半浮雕中形体凸起与平面图案衔接的部位，多以柔和的轮廓作为过渡。半浮雕虽只有一个观赏面，但其在高于墙面5～20厘米中可表现出不同层次感。在佛山祖庙的墙脊上，层次较为丰富，把枝干、枝叶和站在不同位置的鸟在同一个平面用"近大远小"的构图法拉开距离（图1-2）。

图1-2　墙脊（佛山祖庙）

（2）浅浮雕。浅浮雕又称"平雕""平面做"，浅浮雕灰塑一般略高于墙面，凸出的高度常用于博古脊、花边和屋脊线条，多见于墙楣、楹联、彩画和照壁，但在部分梁架下也能发现到平雕的踪影（图1-3）。浅浮雕与半浮雕有点类似，也是只有一个观赏面，平面做高出墙面5厘米以下，如番禺留耕堂的平雕，大概屋脊凸出2厘米左右，从远处看，基本上与彩绘效果相近，层次感不强（图1-4）。

图1-3　牡丹灰塑（东莞南社古村）

图1-4　卷草纹灰塑（番禺留耕堂）

（3）高浮雕。高浮雕又称"半边做"，一般包含通雕、透雕等技法，灰塑凸出墙面5～20厘米不等。高浮雕可表现更多层次的题材，将形体的局部塑造出空透的效果，适合于在有背景的前提下表现立体灰塑，多用于塑造山、水、花、鸟、走兽和人物等元素。佛山祖庙的门楼灰塑，小狮子对称地雕饰在门的两边，且门楼上方的屋脊与旁边墙脊的联系部位错开，强调门的功能（图1-5）。高浮雕灰塑适用于楹联、握头、照壁、正脊、脊座、垂脊、看脊、门楼和山花等部位，如垂脊上的龙、祥云灰塑，有防火防灾的寓意（图1-6）。

图1-5　门楼灰塑（佛山祖庙）

图1-6　游龙灰塑（三水胥江祖庙）

（4）立体雕。立体雕又称"立体做""凌空雕""立雕""圆塑"，指完全凸出于墙面之外的灰塑。立体雕形象完整，可以从多个角度欣赏，这需要较高的工艺水平。工匠通过立体雕生动地表现人物和动物，适用于正脊、垂脊、脊座、看脊（图1-7）、门楼、落水口和落水管，如佛山祖庙的落水管，富有想象力，从功能联系到水生动植物题材的灰塑，落水口雕饰着鱼灰塑，落水管雕饰竹灰塑（图1-8）。

图1-7　看脊（肇庆龙母祖庙）

图1-8　落水管灰塑（佛山祖庙）

（5）通雕。通雕又称"透雕"，因在特定位置留空而得名。通雕有前后两个立面，常用在正脊镂空处、看脊和窗口，题材多为花瓶、花篮及其他的博古图案，如在广州陈家祠的正脊处，在蝙蝠展开双翼的后方镂空，使灰塑的立体感更强烈（图1-9）。

图1-9　正脊处的镂空雕（广州陈家祠）

（三）灰塑的题材及特色

1. 灰塑的题材

岭南灰塑的题材主要有祥禽瑞兽、花卉果木、博古藏品、吉祥文字、纹样图案、风景和其他题材。

（1）祥禽瑞兽。灰塑的祥禽瑞兽题材，一类是真实动物，有狮子（图 1-10）、蝙蝠、喜鹊、鸳鸯等；另一类是以传说故事创造出来的神兽，有龙、凤、麒麟（图 1-11）、辟邪、貔琳等。这些元素可组合出"九如图"（图 1-12）、"狮子滚绣球"、"双龙戏珠"（图 1-13）等祥瑞题材。

图 1-10　狮子（番禺留耕堂）　　图 1-11　麒麟（邵成村工作室）　　图 1-12　九如图（佛山清晖园）

图 1-13　双龙戏珠（东莞南社古村）

（2）花卉果木。灰塑的花卉元素有牡丹、梅花（图 1-14）、兰、莲花、百合、桃花等。瓜果题材一般为广府地区常见的果实，有香蕉、荔枝、桂圆、番石榴（图 1-15）、杨桃、龙眼等；树木题材有松、竹、桂、葫芦（图 1-16）等。花卉、瓜果和树木三种题材元素也可混合搭配使用，如梅、兰、竹、菊四君子组合，弘扬真、善与美（图 1-17）。

图 1-14　梅雀争艳　　　　　　图 1-15　番石榴（佛山清晖园）
（三水胥江祖庙）

图 1-16　葫芦（佛山清晖园）　　　　　　图 1-17　四君子（花都资政大夫祠）

（3）八宝博古。八宝又称八瑞相、八吉祥，依次为宝瓶、宝盖、双鱼、莲花、右旋螺、吉祥结、尊胜幢、法轮，是藏传佛教中八种表示吉庆祥瑞之物，寺院、法物、法器、佛塔和藏、蒙民居、服装及绘画作品中多以此八种图案为纹饰，以象征吉祥、幸福、圆满。博古藏品元素有青铜、古玉、陶瓷、漆器等，通常结合"四艺"的元素进行装饰，"四艺"即古琴、棋盘、线装书、立轴画。佛山祖庙看脊上的宝瓶灰塑，位于狮子与花卉灰塑之间（图 1-18）。八宝法器分为佛家的八种法器、道家的暗八仙和文人（图 1-19）的三种类型。八宝题材的灰塑一般配有线条柔软飘渺的云状图案，称为"祥云"，八宝也可与博古藏品混用。

图 1-18　宝瓶灰塑（佛山祖庙）　　　　　图 1-19　李白醉酒（佛山清晖园）

（4）吉祥文字。吉祥文字一般用于屋脊、匾额或门联（图 1-20）处，使用吉祥祝语或名家诗句作为主题装饰，常配合其他花卉图案。此种灰塑的文字内容一般由书法家书写，匠师拓于灰塑上，再塑出立体的形象，多选用蓝底白字或红底白字（图 1-21）。

图 1-20　集云小筑（佛山清晖园）　　　　图 1-21　入孝（花都资政大夫祠）

（5）**纹样图案**。主要有卷草纹和夔纹，卷草纹多用在山墙八字处（图1-22），有形扭转、反兜、回旋、龙头卷尾四种形式，夔纹主要用在博古脊（图1-23）和博古臂上，有重钩、双头、圆头、钩形（图1-24）和钩形直身（图1-25）五种形式，另外还有在装饰画边框上使用万字纹、回字纹、卷云纹等。

　　图1-22　卷草纹（佛山梁园）　　图1-23　博古臂（佛山清晖园）　　图1-24　钩形灰塑（佛山祖庙）

（6）**风景**。灰塑风景题材有珠江春早、喜上眉梢（图1-26）、青山红梅一江风、锦堂富贵（图1-27）等，多使用山、河、树木、著名建筑物作为元素来塑造较为宏观的画面。佛山清晖园的山水图，用浅浮雕的刻法，把各种元素的灰塑按照远近景的构图原理凸显出来，使画面变得磅礴大气（图1-28）。

　　图1-25　钩形直身纹灰塑　　　　　　　图1-26　喜上眉梢（开平自力碉楼）
　　　　　（番禺余荫山房）

图1-27　锦堂富贵（佛山清晖园）

（7）**其他题材**。通过谐音、借喻和比拟三种方式表达广泛又极具趣味性的题材，如鹰谐音"英"，固与狮子、花卉等元素构成《英雄会》；麒麟也是常用的传统吉祥图案，而"麒麟吐玉书"比作圣人诞生,如在佛山祖庙建筑山墙的运用,体现了当地居民渴求子孙后代人才辈出的夙愿。

图1-28 山水图(佛山清晖园)

2. 灰塑的特色

灰塑对工艺的要求非常高,首先是"雕",需要多年的磨炼经验;其次是"绘",正所谓"三分雕、七分绘",彩绘是灰塑的第二次重要创作,为整个建筑"添彩"的关键,也是岭南传统建筑装饰的亮点之一。灰塑的情感与象征价值具体包含家族、民族或历史延续感,还有灰塑题材的精神象征性等。灰塑自身就具有情感与象征价值,比如子孙兴旺、平安富贵、福寿双全、吉祥如意等吉祥寓意。灰塑不仅是岭南传统建筑装饰工艺,而且还从力学、空气动力学等角度都解决了建筑的使用功能,具有极强的科学性,达到了吸湿、杀菌、净化空气等作用。

(1)增强抗台风能力。岭南地区常年受台风的影响,把庞大的灰塑装饰矗立在屋顶上,可以增大屋面的压力,从而抵御台风对建筑屋面的损坏。

(2)屋顶灰塑的散热循环。岭南气候常年湿热,建筑屋顶的灰塑不仅需要考虑美观,还需要有效地考虑散热,即让屋顶形成一个"微气候循环"环境,将房屋外面的热气直接引入到屋顶并且循环,阻隔热气流进入到室内,灰塑利用其快速吸热、散热的功效,为屋顶筑起了一道坚固的散热循环屏障。

(3)防雨的山墙灰塑。岭南传统建筑屋顶常见的是前后直坡,结合两侧封火山墙,即"硬山"。要保证屋面不漏雨,采取坡屋顶的形式,以加快水的流速,使屋面无积水。灰塑以其快速吸水又快速蒸发的特点,与屋顶结构一起形成疏导、吸收的保护系统。灰塑"附着"在山墙上,因其表面有一层神奇的碳酸钙,能够防止虫蛀损害,使雨水不能直接渗入砖墙腐蚀木结构建筑,所以山墙建造结合灰塑在岭南地区非常普遍。

(四)岭南灰塑的建筑载体

灰塑的建筑载体一般是正脊、垂脊、看脊、脊座、搏风头、墙楣、山尖、门楣、窗楣和神龛。

1. 正脊

珠三角是受台风影响较重区域,为减少台风对建筑屋面的破坏,学堂、寺庙等建筑多采用厚重的辘筒灰瓦,还用青砖砌筑屋脊以加大屋顶的重量。正脊灰塑一般中间为主画,以吉祥动植物如凤凰、麒麟、鹤、公鸡、松树、鲤鱼与龙、狮子、牡丹等组合成"松鹤延年""花开富贵""功名富贵""三狮图""鲤鱼跳龙门"(图1-29)等传统吉祥题材,或者以人物为主,主要题材有"三星高照(福禄寿)""五老图""东坡品桔""太白醉酒""教子成贤"等神仙人物、传说人物或历史人物，寓意长寿康宁、淡泊致远、鸿运通达。正脊两侧是小品，以花篮、花瓶或诗文等内容为主，后来这部分演变成花窗即局部镂空，如广州陈家祠正脊两侧的小型灰塑，工艺相对中间的主画较简单（图1-30）。

图1-29　正脊的灰塑（肇庆德庆学宫）

图1-30　瑞兽灰塑（广州陈家祠）

2. 垂脊

垂脊的脊端是灰塑重点装饰部位之一，相对正脊而言，构图简单且大多数为色泽黑底白色的卷草纹灰塑，但是也有些是略带色彩。另外，不管是飞带式垂脊（图1-31），还是直带式垂脊，脊端多数会做一些卷草，由于脊端多呈牛角尖状，也有相当一部分垂脊脊端做成博古形式，在博古头中依其走向而作灰塑，这时灰塑以几何线条多见，少见花草等形式。比如肇庆龙母古庙垂脊脊端是博古形式，虽简洁朴素、寥寥数笔，却与搏风板的卷草纹灰塑相映成趣（图1-32）。

图1-31　飞带式垂脊（番禺余荫山房）

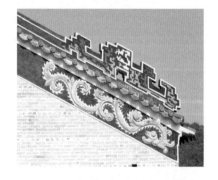

图1-32　卷草纹灰塑（肇庆龙母祖庙）

3. 看脊

看脊，即仰首可见的脊，指主楼上的屋脊，或者是祠堂屋面上靠近檐口的地方又增加的一道脊。其高度不像正脊那样高高在上而是大抵只看轮廓，因此雕塑工艺要求更为细致、形象、生动，如广州光孝寺主殿上的看脊灰塑使用了普遍的黑底白纹灰塑，与繁复的斗拱结构搭配，使人感到寺庙的庄严和肃静（图1-33）；佛山祖庙里，也能看到许多光彩夺目的、垂脊灰塑，例如在钟鼓楼的垂脊就能看正在低头的小狮子，形态亲切可爱（图1-34）。

图1-33 垂脊灰塑（广州光孝寺）

图1-34 钟鼓楼（佛山祖庙）

4. 脊座

晚清至民国时期，陶塑花脊与灰塑相结合的屋脊受人追捧，陶脊在上、灰塑在下，但使用双重屋脊多为经济和实力都相当雄厚的家族，由于是双重屋脊，屋面重量大，靠梁和柱支撑。现今保存较好的双层屋脊有佛山祖庙、广州陈家祠、三水胥江祖庙等。

5. 搏风头

搏风头，是指山墙搏风板底端，与墀头交界。搏风板指沿屋顶斜坡且钉在伸出山墙之外的檩条上的木板。广东省清远市佛冈县上岳村的山墙在搏风头处雕饰着卷草，搭配飞带式垂脊，使建筑变得简练、雅致（图1-35）。

图1-35 搏风头处的灰塑（清远上岳村）

6. 墙楣

在墙体最上端、檐口之下部位的墙楣一般会采取灰塑作装饰。若位于正立面，则会比正脊更接近于人的视线，所以这个部分用灰塑来装饰，可以看到灰塑的精致程度，内容以山水、植物、动物为主。例如清远上岳村的泗吉堂，墙脊上的灰塑十分精美，体现了当时对子孙成龙成凤和高中状元的美好期盼（图1-36）。

图 1-36　泗吉堂（清远上岳村）

7. 山尖

山尖，是指山墙上端与两边屋顶斜坡组成的三角部分（图 1-37），常在两侧搏风板装饰悬鱼惹草。建筑装饰，大多用木板雕刻而成，位于悬山（古代建筑中的屋顶样式之一）或歇山（古代建筑中的屋顶样式之一）屋顶两端的搏风板下，垂于正脊。得名与其形状有关。因为最初为鱼形，并从屋顶悬垂，故名悬鱼。

图 1-37　福到眼前（番禺余荫山房）

8. 门楣、窗楣

门楣、窗楣使用灰塑一般为"平面做"，立体感不强、画面疏朗，内容大多较为简约，多为瓜果、风景等（图 1-38、图 1-39）。

图 1-38　门楣灰塑（开平自力碉楼）

图 1-39　窗楣灰塑（番禺余荫山房）

9. 神龛

神龛是指祭祀土地神的地方，通常位于墙的一侧。神龛有石制、砖雕，也有一部分采用灰塑。

二、灰塑任务实操

实操内容	知识目标	能力目标	素质目标
1. 灰塑的制作工具	了解灰塑的基本制作工具	掌握灰塑基本工具的使用方法	能够灵活进行工具的搭配
2. 灰塑的材料	了解灰塑的基本制作材料，了解材料的配比与发酵方法	掌握灰塑的基本制作材料搭配，掌握材料的配比与发酵方法	能够灵活根据作品的特点，进行灰塑的材料搭配，熟练进行材料的配比与发酵

续表

实操内容	知识目标	能力目标	素质目标
3. 灰塑的制作工艺流程	了解灰塑的制作工艺	掌握灰塑的制作工艺	能够通过制作工艺，进行基本的灰塑制作，并掌握灰塑修缮程序
4. 灰塑修复工艺	了解灰塑修复的基本步骤与方法	掌握灰塑修复基本流程	能够在工地现场进行辅助的修复工作
5. 工程训练	观摩现场灰塑的工艺操作	现场动手进行实操	能够满足灰塑的现场制作要求与规范

（一）灰塑的工具

灰匙。灰匙又称为"灰刀"，是灰塑技艺的基本工具之一。匙头呈舌状，后为木柄，两者成 90 度折角。灰匙规格由小到大，根据所需要形塑的对象尺寸，选用不同型号的灰匙（图 1-40）。

灰板。灰板是灰塑过程中用以托灰的工具，是灰塑工艺的基本工具之一。前段放灰浆，后尾带抓手。有的正面盛放灰浆，反面带抓手。

竹签。竹签一般用于雕塑过程中（特别是透雕）对灰匙及手指不能触及的地方进行形塑，也可以用于抹平灰塑表面。灰麦，形似麦克风，民间又称为"娘脚"，是用硬木制作而成的，表面非常光滑，长十多厘米，呈弯曲的指头状，作用如同竹签（图 1-41）。

线匙。线匙为木制手柄、钢制凹头形匙头。凹口方向平行于手柄，钢制凹头横断面一般分为"∧""⌐"两种类型。匠师根据所要雕塑花纹形式的不同，选用大小不同规格的线匙。使用时只要在匙头的端口处注满灰浆，然后在需要线条的部位拖动线匙，就可塑造出想要的线条（图 1-42）。

图 1-40 灰板、灰匙

图 1-41 竹签

图 1-42 线匙

钢筋、钢钉、铜线（图 1-43）。制作骨架的工具有铜筋、铜钉、铜线等防腐的材料。主要用于现场搭建支撑固定物体的骨架，在现场施工时，塑造带有立体感的灰塑造型图案。以前因工业不发达，受技术和环境的限制，所以骨架的制作多采用锻打的铁，而铁腐蚀后会一层层膨胀爆裂，毁坏灰塑作品。现在采用的铜材料只会长铜绿锈，不会炸裂。新技术、新材料的研发有利于灰塑的发展。

枋条（图 1-44）。是用薄木板制成的，用于灰塑装饰边框的取直、找平。其厚度同边框厚度，长度一般为 1 米左右。

锄头（图 1-45）、**镰铲、搅拌机**。用于搅拌草根灰、纸筋灰、砂浆。

灰桶（图 1-46）。主要于储存纸筋灰、草筋灰、砂浆。可用木制或陶制桶。

其他工具。彩色线斗、墨斗（图 1-47）用于画线条；卷尺（图 1-48）用于丈量；喷水壶（图 1-49）用于制作灰塑时调节湿度；虎钳、小铁锤（图 1-50）用于打钢钉、搭建骨架；泥水刀用于剁稻草和剁砖；自制颜料盒（图 1-51），用于存放各种灰塑颜色；各种型号的油画笔、铅笔、油漆刷用于描绘灰塑图案。

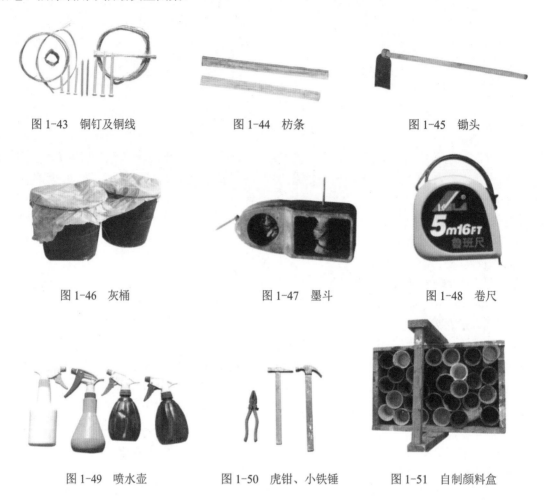

图 1-43　铜钉及铜线　　　　　图 1-44　枋条　　　　　图 1-45　锄头

图 1-46　灰桶　　　　　图 1-47　墨斗　　　　　图 1-48　卷尺

图 1-49　喷水壶　　　　图 1-50　虎钳、小铁锤　　　　图 1-51　自制颜料盒

（二）灰塑的材料

稻草、玉扣纸。稻草（图 1-52）本身是一种空隙结构，草筋灰能够在其内部形成网状结构，以防止变形；玉扣纸（图 1-53）在纸筋灰中也是相同的道理，它们都是属于吸潮材料，主要用于解决灰塑热胀冷缩的问题。

石灰水。调配石灰水，首先要选好石灰，根据广州花都邵成村师傅 30 多年的经验，一定要选用广东吴川出产的石灰来调制。在一个胶桶内加入大约 25 千克生石灰、80 千克清水和 1 千克的盐。盐的作用是增加石灰的硬度，若进度比较赶的话，盐可以加到 1.5 千克。把生石灰、清水和盐三者搅拌均匀后，静置两天，然后重新搅拌均匀，使其呈糊状后，再用筛斗过滤，使石灰油的纯度更高，把过滤好的石灰油用一个新的胶桶装好，用布覆盖，保持一定的湿度。石灰水与石灰油的比例最好维持在 1∶3 左右，再次搅拌均匀、过滤，如此循环往复，直至把所有石灰油都过滤完。纯度较高的石灰油要避免阳光直射和注意密封，保持一定的湿度。最终的石灰油沉淀后表面会出现一层淡黄色的石灰水（图1-54），用容器将这些石灰水保存起来，可用于稀释灰塑的颜料，使颜料不易脱落。

图1-52 稻草

图1-53 玉扣纸

图1-54 过滤后的石灰水

草筋灰。草筋灰可用来做灰塑的批底、连接骨架和纸筋灰。制作草筋灰，首先用生石灰与糯米粉按50∶1的比例备料，用水稀释糯米粉，成糊状后混入已经粉碎筛选并稀释的生石灰，充分搅拌成石灰膏。然后把干稻草截至约4～5厘米长，用水浸湿，放入大缸、大桶等大容器内，铺至约5厘米厚，在上面铺一层石灰膏覆盖下层全部稻草，再平铺截过的干稻草约5厘米厚并覆盖石灰膏，以此类推，一层稻草一层石灰膏地往上添加，直至达到每次雕塑所需用量。随后，沿着大缸或大桶内壁慢慢灌入清水，水量要超过稻草和石灰膏叠层约二三十厘米左右，待密封、浸泡和发酵至少一个月后开封。经过长时间的浸泡和发酵，稻草已经霉烂，而且与石灰同沉淀。开封后将上层淡黄而清澈的石灰水滤出以留作日后调颜色用，最后加入红糖（生石灰与红糖为50∶1的比例），充分搅拌后封存备用，搅好后的草筋灰（图1-55）要封存，避免风干。

纸筋灰。纸筋灰可用来粘结草筋灰和色灰。制作纸筋灰，首先需要将土制的玉扣纸（来自广东吴川）浸泡在水中十余天，至基本纤维化后用打灰机把玉扣纸打烂成纸筋。按上文所制作的石灰膏，混入用清水浸泡2千克红糖、100千克生石灰，再用细筛过滤，除去沙石杂质，使其成为石灰油，再加入2千克糯米粉的比例配料，搅拌，使之细腻柔滑，最后将石灰油与纸筋混合，密封20天左右。使用时须先取出揉合，揉合时间越长，混合物的韧性就越好（图1-56）。

图1-55 草筋灰（邵成村灰塑工作室）

图1-56 纸筋灰（邵成村灰塑工作室）

色灰。纸筋灰与各种颜料混合拌匀，即成为色灰。色灰（图1-57）用于灰塑作品较外层的部位，作为灰塑色彩的基础。色灰颜色依据灰塑作品的题材，使用较浅淡的红、蓝、绿、白、黄等作为作品的色彩基调。在高浮雕灰塑中，背景常使用一种名为乌烟的色灰。乌烟，又名灯煤、黑烟，一般配合砂浆使用，传统做法是以白酒浇之，使烟与酒逐渐渗透，再以开水浇沏，倒出浮水后，加入浓度光油，以木棒捣出水，用毛巾将水吸干净，再加光油即可。现灰塑施工队一般到化工市场购买调配好的乌烟灰，倒入桶内，加水搅拌均匀后直接使用。

图 1-57　色灰（邵成村师傅灰塑工作室）

颜料。 传统工艺中灰塑加彩必须使用矿物质颜料。传统矿物质颜料是从天然矿石中加工制作而成的，通常也称为"石色"。其优点是耐久性强，不易褪色，缺点是毒性较大，使用时需戴口罩、手套，颜色需自己研磨。灰塑所采用的颜料主要的色调为：红、蓝、黄、绿、青五色，颜料从全国各地买入，如浙江的绿色，北京的蓝色等，灰塑匠师常用的矿物色有石青、朱砂、雄黄。灰塑颜色的深浅变化可以通过往颜料里面增加墨汁来实现，一般先画浅色，然后逐渐加入深色墨汁，加深颜色。

（三）灰塑的制作流程

灰塑作为统建筑特有的室外装饰艺术，以贝灰或石灰为主要材料，拌上稻草或草纸，经反复锤炼，制成草筋灰、纸筋灰，并以瓦筒、铜线为支撑物，在施工现场塑造。最常见、最普通的平面做灰塑（只高出墙面 5 厘米以下，属于浅浮塑），工艺流程如下。

（1）构图设计。 灰塑匠师依据业主的喜爱要求和具体建筑的情况，为灰塑选定题材，测量相应的制作部位，并构思灰塑草图（图 1-58）。这是灰塑制作的关键步骤，须有经验丰富的灰塑匠师在场参与制作。

（2）制作灰塑骨架。 制作前需要先在墙上根据图案的走向用钢钉（短钉）打点，以垂直于墙身的角度打入墙体，不能超出图案的勾画线，然后把短钉都缠上铜线，进行缠绕（图 1-59）。

（3）草筋灰批底。 骨架制作完成后，以草筋灰往骨架上包灰，一般在落灰之前，灰塑师傅会先用灰匙把草筋灰在灰板上反复推、压、摔几遍，这个动作被称为"搓灰"可以让灰更细腻（图 1-60）。包灰每次不超过 3 厘米厚，第一次包灰完成，待到底层的灰干燥到七成左右再进行，干燥的速度视天气而定，将前次的草筋灰压实，方可进行第二次包灰（图 1-61）。按照"添加—干燥—压实—再添加—再干燥—再压实"的制作方式，层层包裹，直至灰塑的雏形完成。

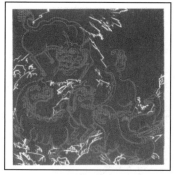

图 1-58　构图设计

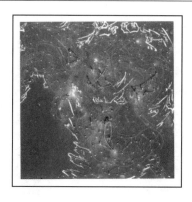

图 1-59　扎骨架

图 1-60　草筋灰批底图

（4）铺纸筋灰。在完成草筋灰批底后，需等待 1～2 天让其自然干燥后，方可铺加纸筋灰。纸筋灰质地细腻，凝固后硬度比草筋灰高，适合用来粘结草筋灰和色灰。铺叠工序开始时，首先须保证纸筋灰能压紧在草根灰上，铺加过程中要注意每次的厚度不能超过 2 厘米，可用竹签辅助灰塑进行塑造。如果草筋灰层已经全部泛白，说明灰料太干燥，可喷洒一些清水，润湿灰层再添加纸筋灰。另外，首层添加的纸筋灰是没有颜色的（图 1-62）。

（5）铺色灰。依据灰塑匠师设定的颜色形象，把所需的颜料与纸筋灰混合拌匀，在定型的灰塑上铺加一层色灰面，又称"底色面"，如此可让最后添加的颜料保持其自身色泽较长时间。铺色灰是对灰塑的最后修正和定型（图 1-63）。

图 1-61　第二次包灰

图 1-62　铺纸筋灰

图 1-63　铺色灰

（6）上彩。上彩是制作灰塑的最后一道工艺，对整个灰塑的最后效果有至关重要的影响。灰塑单个或整体雕塑造型之后，需经过自然晒干，再进行彩绘。具体步骤：在胶杯中倒入适量的化学颜料或矿物质颜料粉末，加入从石灰油上面滤起的石灰水兑开（注意调制颜料时不能用清水，石灰水起到固色、封闭表面、免受侵蚀的作用）。灰塑上彩时，要求色灰尚未凝固，具有适当的湿度以吸收各种色彩颜料，因此必须在完成色灰步骤后紧接进行。上彩顺序由浅到深，颜色逐步叠加。灰塑上彩干透后，颜色都会变淡，因此一般要上 3 次颜色才能保证色彩效果和持久性。若使用化学合成颜料，每层颜色做好后，须等待 3 至 4 个小时才可增添第二层颜色。若使用矿物质颜料，须等待前一层颜色完全干透后，方可描画新的一层颜色，因此间隔时间更长。一件灰塑作品最后需要用黑色把轮廓、形象勾勒线条显示出来，表现其生动活泼的渲染力。完成上彩后，灰塑的手工制作过程基本完成（图 1-64、图 1-65）。

图1-64　上彩1　　　　　　　　　　　　　图1-65　上彩2

（7）养护。 为使颜料被草筋灰完全吸收，最后仍要使灰塑在合适的湿度下包裹养护几天到一个月不等，让其颜料被纸筋灰完全吸收，才可开封。

（四）灰塑修复的一般流程

清洗灰塑。 用清水配合牙刷、刷子、竹签等工具刷洗灰塑表面，祛除浮灰污垢。

检查灰塑。 仔细检查原灰塑的损坏情况，对褪色、附生植物、开裂、脱落和骨架等保存情况进行初步判断，确定疏松的灰层，如番禺余荫山房正脊上已褪色的灰塑（如图1-66）和佛山清晖园已脱落的灰塑（图1-67）都需要进行修复。

图1-66　褪色的灰塑（番禺余荫山房）

图1-67　脱落的灰塑（佛山清晖园）

铲除疏松的灰层。 为了粘结新旧灰，用牙刷、刷子和竹片等工具清除疏松的灰层，以至到达结实部位为止。润湿完成以上两个工序后，让待修复的灰塑表面能够保持有相近于修补灰浆的湿度，方可开始补灰工作。一般做法是往原灰塑表面喷水，湿润后用塑料包装纸遮盖整个灰塑，湿润及遮盖时间由灰塑匠师掌握。

补灰。应根据原灰塑的制作工艺，使用草筋灰和纸筋灰，由内至外逐层修补。如修补面积较大，且修补深度较深，则需参考新制作灰塑的做法，首先使用每层约 2 厘米厚的草筋灰填补，待草筋灰与底灰粘牢开始变硬时再补第二层，以此类推，草筋灰补灰到达接近面层的适当位置后，即可添加纸筋灰，细化表面。

铺色灰。以原灰塑的样貌为依据，在灰塑修补处铺加色灰，作为上彩的基础。

上彩。上彩方法如灰塑制作流程，色彩以灰塑的原貌为准。基于石灰浆制作的灰塑较能适应岭南广府地区的气候条件，在正常的使用状况下，灰塑形体能保持百年以上的时间，然而颜料、灰塑的骨架、空气的成分和建筑物的状况都会对灰塑的保存产生严重影响，例如局部松脱的灰体、局部灰塑断裂分离，一般隔 10 年左右就需要进行局部修复和上色。

（五）工程训练

在工地进行实操，需要提前为学生宣讲工地安全注意事项与安全操作法规，学生需佩戴安全帽，分组进入工地，有序地跟从教师和工匠进行学习。

工地实操课程安排		
课程内容	课时	任务
1. 工地熟悉与安全讲解	1	了解工地灰塑制作的安全知识与操作方法
2. 老师示范	2	示范工地制作灰塑的步骤与方法要领
3. 屋顶、墙面灰塑制作实操	5	进行屋顶、墙面的灰塑制作
4. 灰塑彩绘	2	对灰塑进行彩绘、装饰刻画

三、灰塑的传承与发展

（一）灰塑的传承现状

灰塑发展面临困境。现代建筑的兴起使得灰塑陷入被冷落和遗忘的困境。灰塑工艺要求匠师有良好的美术功底，具有"人才培养慢，生产周期长"的特点，少则三四年，长则八九年的时间，潜心钻研学习才能够自立门派。灰塑工匠多数在清贫中从事默默无闻的劳动，所以很多学徒中途放弃，出现了人才断代。灰塑与传统建筑共存，保护灰塑的同时也需要保护传统建筑。目前灰塑还是以师徒相传的传统作坊式发展，受社会关注的程度不高，没有行会联盟，也没有机构的保护和支持，发展力量比较薄弱。保护灰塑目前最有效的办法有两种，即为完整记录灰塑外形和延长现有灰塑的使用寿命。

灰塑是广府传统文化大系统中的重要组成部分。灰塑作品中各种民俗化的寓意能通过建筑物传达给民众，具有信息传递价值。对灰塑的保护也是对传统建筑营造系统的保护。"会呼吸的建筑"是花都灰塑非遗传承人邵成村师傅对灰塑中所蕴含智慧的提炼。邵师傅一再强调"古人的智慧不可以丢掉",他现在所做的是对传统建筑智慧的记录,并且希望灰塑得到越来越多人的了解和认可,让传统建筑工艺能够继续传承,并且随着时代发展在现代建筑中发挥它的作用。

(二)灰塑传承人代表

1. 邵成村

邵成村,广州花都人,16 岁开始随父学习灰塑,至今已有 30 余载。2008 年,邵成村被广东省和广州市先后命名为省、市级"非物质文化遗产项目(广州灰塑)代表性继承人",2011年广东省文化主管部门将邵成村申报为"国家级非物质文化项目代表性传承人",也获得广东省传统建筑名匠(灰塑)的称号。邵师傅多次参加国家级、省级、市级文物建筑修复工作,近十多年来,他先后修复了六榕寺、光孝寺、三元古庙、锦纶会馆、陈家祠、花都资政大夫祠、番禺留耕堂等古建筑的灰塑,以及创作南海神庙内的各种灰塑人物和神像,为灰塑的保护和传承做出了重大的贡献。怀着传承和发扬灰塑工艺的热切理想,邵成村师傅成立了专门的灰塑修复队,在古老的岭南村落里,四处可见他们辛劳而坚定的身影。

他不遗余力地传承和发展广州灰塑这门传统的民间技艺,积极配合省市区推动广州非物质文化遗产工作,在各种文化活动中开展灰塑项目的展示、展览、宣传和对外交流活动;积极参与广州花都区举办的"非遗走进课堂"活动,让青少年了解非遗的相关知识,了解广州灰塑的特点。

2. 欧阳可朗

欧阳可朗是广州花都区花山镇五星村人,花都民间艺人第四代灰塑工艺传承人,第四批广州市"非物质文化遗产项目(广州灰塑)代表性传承人"。欧阳可朗师从邵成村,对珠三角地区的祠堂、庙宇及文物古建筑的灰塑进行修复与创作。欧阳可朗结合传统灰塑作品造型与现代审美特色,让传统灰塑更好地得到延续与发展,经过 20 多年的磨炼,他已经可独立带徒授教工艺。他擅长创作人物、动物、花鸟等灰塑题材作品,具有浓厚的吉祥寓意和古朴的岭南风味,曾参与广州陈家祠、镇海楼、三元古庙、佛山兆祥黄公祠等建筑的灰塑修复工程,获奖作品有《五福》《群英会》等。

(三)灰塑的发展探索

关于灰塑的发展,传承人们已经进行了以下各方面的探索。

(1)现代私宅利用传统工艺营造。目前邵成村师傅已经应邀完成了多所民宅营造,按照传统建筑的营造法式,在室内舍弃空调系统的安装,利用传统建筑的"会呼吸"原理与精髓,建造适合现代广州私宅发展又具有传统建筑智慧的建筑。

(2)拓展灰塑的应用范围。灰塑的发展需要与现代生活方式结合,应用范围可以拓展到会所、宾馆、地铁隧道、火车站、飞机场等候厅、现代公园、大型的文化活动广场、公共建筑的文化背景墙等,这些大型场所现在越来越注重内在品质的提升,注重表现灰塑自身浓郁的地方特色。同时灰塑与雕塑艺术和壁画艺术结合,也能体现现代材料与传统材料的和谐之美，体现中国文化的博大精深。

（3）大胆创新传统灰塑的纹饰题材。灰塑的纹饰题材经过长期的发展和历史的积淀，有着深厚的文化底蕴。灰塑的纹饰题材，可以借鉴其他艺术表现形式和设计思路，与现代设计结合，将其纹饰运用到首饰设计、染织图案、装饰画、服装等方向，还可以融入外来文化元素和情调，符合现代人的审美需求。

（4）合理挖掘开发灰塑的游览价值。在国家倡导非物质文化遗产带动旅游发展的政策下，对灰塑所依存的建筑进行包装，成为文化旅游的一部分，带动灰塑的发展。灰塑旅游纪念品也可以考虑开发成便于携带的工艺品形式，改变灰塑只附着在屋顶的被动形象。要将"看得上、买得起、带得走、耐欣赏、能升值"的重要指导思想始终贯彻在研发灰塑旅游价值的过程中，让越来越多的人了解灰塑这门传统工艺。

课后练习题目

一、选择题

1. （　　）两代是广州灰塑发展最为兴盛的时期，其主要运用于祠堂、庙庵、寺观和豪门大宅。

　　A. 明清　　　　B. 夏商　　　　C. 秦汉　　　　D. 元朝

2. 草筋灰用来做灰塑的批底、连接骨架和纸筋灰。制作草筋灰，首先将生石灰与糯米粉按（　　）的比例备料，用水稀释糯米粉，成糊状后混入已经粉碎筛选并稀释的生石灰，充分搅拌成石灰膏。

　　A. 40∶1　　　　B. 50∶3　　　　C. 50∶1　　　　D. 50∶2

3. 传统工艺中灰塑加彩必须使用颜料（　　）。

　　A. 丙烯　　　　B. 矿物质　　　　C. 水彩　　　　D. 水粉

4. 包灰每次不超过（　　）厚，第一次包灰完成，待到底层的灰干燥到（　　）左右再进行，干燥的速度视天气而定，将前次的草筋灰压实，方可进行第二次包灰。

　　A. 2厘米，七成　　　　　　　　B. 3厘米，八成

　　C. 2厘米，六成　　　　　　　　D. 3厘米，七成

5. 灰塑上彩干透后，颜色都会变淡，因此一般要上（　　）颜色才能保证色彩效果和持久性。

　　A. 2次　　　　B. 6次　　　　C. 5次　　　　D. 3次

6. 制作纸筋灰，首先需要将土制的（　　）浸泡在水中十余天，至基本纤维化后用打灰机把玉扣纸打烂成纸筋。

　　A. 草纸　　　　B. 宣纸　　　　C. 玉扣纸　　　　D. 牛皮纸

7. 在完成草筋灰批底后，需等待（　　）让其自然干燥后，方可铺加纸筋灰。

　　A. 1～2天　　B. 1～3天　　C. 1～5天　　D. 2～5天

8. 垂脊的脊端是灰塑重点装饰部位之一，构图简单且大多数为色泽黑底白色的（　　）灰塑，但是也有些是略带色彩。

　　A. 龙纹　　　　B. 卷草纹　　　　C. 如意纹　　　　D. 云纹

9. 灰塑"附着"在山墙上，因其表面有一层神奇的（　　），能够防止虫蛀损害，使雨水不能直接渗入砖墙腐蚀木结构建筑，所以山墙建造结合灰塑在岭南地区非常普遍。

　　A. 磷酸钙　　　B. 硝酸盐　　　　C. 碳酸钙　　　　D. 碳酸盐

10. 灰塑有（　　）、杀菌、净化空气等作用。

　　A. 吸热　　　　B. 防冻裂　　　　C. 防震　　　　　D. 吸湿

二、填空题

1. 高浮雕灰塑适用于_____、_____、_____、_____、_____、_____、_____、_____和山花等部位，如垂脊上的龙、祥云灰塑，有防火防灾的寓意。

2. 灰塑的花卉元素有_____、_____、_____、_____、百合和桃花等。

3. 博古藏品元素有_____、_____、_____、_____等，"四艺"即古琴、棋盘、线装书、立轴画。

4. _____，即仰首可见的脊，主楼上的屋脊，或者是祠堂屋面上靠近檐口的地方又增加的一道脊。

5. 石灰水与石灰油的比例最好维持在_____左右，再搅拌均匀，再过滤，如此循环往复，直至把所用石灰油都过滤完。

三、简答题

1. 岭南传统建筑灰塑的题材有哪些？

2. 岭南传统建筑灰塑的特点是什么？

3. 简述灰塑的制作工艺流程。

4. 灰塑的种类有哪些？

5. 灰塑一般体现在建筑的哪些载体部分？

6. 灰塑的国家级传承人是哪位？他修缮的建筑有哪些？

四、实操作业

制作 20 厘米×15 厘米×15 厘米的灰塑作品一件，平面塑造或立体塑造都可，要求以岭南建筑特有的动植物为题材，表现祥瑞的寓意，造型形象、色彩搭配协调。

第二章　陶　塑

1. 陶塑技艺课程设计思路

"石湾陶，景德瓷"，概括了中国陶瓷的精髓。陶塑瓦脊艺术是中国岭南地区传统祠庙建筑的重要特征之一，其作用主要是增加祠庙艺术表现力，使屋顶有崇高感，使建筑有丰富华丽的外天线。石湾陶塑瓦脊装饰精微，构思巧妙，散发出汉民族传统文化的精神、气质、神韵，为古建筑增添了异彩，它是岭南建筑装饰艺术中的一枝奇葩。

培训依据"能力核心、系统培养"的指导思想，按照国家级民族文化传承与创新示范专业的要求，制定专业教学标准和课程标准，针对古建筑修缮工程和仿古建筑建造人才的培养，进行岭南传统建筑**陶塑技艺教学与实训课程（项目）**的设计。课程采用了任务驱动的教学模式，打造成**文化背景+任务实训**循序渐进的、寓教于乐的培训模式。陶塑是一门凝聚着深厚广府传统历史、文化的技艺，也是建筑上最高级别的装饰，工艺相对复杂，幸运的是目前在保护与技艺传承方面都相对比较完整。

2. 课程内容

陶塑文化背景	1	陶塑的历史发展
	2	陶塑的种类
	3	陶塑的题材及特色
	4	陶塑的建筑载体
陶塑任务实训	1	陶塑的工具
	2	陶塑的材料
	3	陶塑的塑造工艺
	4	陶塑的上釉工艺
	5	陶塑的烧制工艺
	6	工程训练

3. 培训目的

通过文化背景与任务实训部分学习，具备陶塑的材料制作、塑泥胚、精修、调釉、上釉、烧制和拼接的技术知识与技能，掌握传统建筑陶塑部分的制作方法。学习岭南传统建筑技艺——陶塑，践行工匠精神，感受深厚的中华传统优秀文化底蕴，弘扬和传播工匠精神，做到坚毅专注、精益求精。

4. 培训课程考核

培训考核成绩=理论成绩（30%）+实训室实操考核成绩（50%）+工地实操考核成绩（20%）。考核总成绩达到60分以上合格，并依据考核成绩高低设置优秀、优良、合格三个等级。

一、陶塑文化背景

课程内容	知识目标	能力目标	素质目标
1. 陶塑的历史发展	了解陶塑的历史发展	掌握陶塑的历史与发展	能够了解中国陶塑的历史以及通过实地调研了解石湾陶塑的历史
2. 陶塑的种类	了解陶塑的种类，并准确辨认	掌握不同建筑部位陶塑的不同名称	能够利用陶塑在传统建筑中的作用，进行研究与利用
3. 陶塑的题材及特色	了解陶塑的题材及特色	熟练掌握陶塑的题材和工艺特点	能够轻松辨识陶塑的题材，并掌握陶塑的作用、特点
4. 陶塑的建筑载体	了解陶塑的建筑载体	掌握并识别陶塑的建筑载体	能够熟悉岭南建筑的各部分结构，清楚辨别陶塑在各部分使用的特点

（一）陶塑历史发展

1. 中国陶塑

中国陶塑艺术源远流长，早在新石器时代便呈现出各种丰富的形态。饱满丰润的地母像、憨态可掬的陶鸟壶、挺拔秀美的人首瓶、肃穆威严的鸮形尊等，满载先人的信仰和祈望。

约在春秋末期，中原墓葬文化中诞生了一种新的艺术形式——俑。俑代替人殉反映了社会的进步。俑艺术经春秋战国数百年孕育，于秦朝发生了质的飞跃，那就是秦始皇兵马俑的诞生，被誉为"世界第八奇迹"（图2-1）。

随后汉朝秉承秦制，国家统一，稳定的社会基础和雄厚的经济实力给俑艺术注入了新的活力。陶塑的内容和艺术风格也随之发生变化，无论是人物还是动物，都注重从总体上把握对象的精神内涵，强调动势和表情在形象塑造中的作用，表现出一种豪放、流动的美学格调，非常符合汉代的时代审美特征。东汉最有代表性的陶塑是成都天回山出土的"说唱俑"（图2-2），击鼓说唱俑以写实主义的手法刻画出一位正在进行说唱表演的艺人形象，反映出东汉时期塑造艺术的高度成就，具有很高的艺术价值。

汉末的社会动荡使厚葬之风戛然而止。从魏晋薄葬制度的确立到北朝厚葬习俗的复苏，陶塑和其他艺术形式皆经历了一次文化大融合带来的震荡。新兴社会独有的文化活力在大一统的隋唐帝国荫庇下勃然而发，陶俑艺术也于盛唐达至巅峰。"唐三彩"所表现的激扬慷慨、瑰丽多姿、壮阔奇纵、恢宏雄俊的格调，正是唐代那种国威远播、辉煌壮丽、热情焕发的时代之音的生动再现（图2-3）。然而，盛极一时的陶俑艺术在经历了开元、天宝的盛唐喧腾后，于安史之乱后不再复起。虽五代以后陶俑仍有新意溢出，但汉唐气度尽失；至明清，唯存虚壳，内质全无，中国陶俑艺术亦随之终结。

图2-1　秦兵马俑士兵塑像　　　图2-2　说唱俑　　　图2-3　唐三彩骏马塑像

墓葬陶塑除俑以外，还有各种动物、建筑模型等形式，如汉代楼阁庄园、唐朝驼马墓兽，皆塑艺不凡。墓葬之外，陶塑的形式更为丰富多样，如魏晋的狮、羊插座，尽功利之用而不失生动；宋朝的瓷枕，化方寸之地穷极世态。

2. 石湾陶塑

岭南在地理上背靠五岭，面向海洋，岭南人自古就形成了向外拓展、奋发进取的冒险精神，所以，石湾陶塑粗犷豪放的艺术风格是继承和延续岭南地域文化内涵的表现。广东石湾是岭南地区重要的陶器产区，属于民窑体系，有三千多年历史，故有"石湾瓦，甲天下"之美誉。石湾盛产日常生活所需的瓦器（当地人称为"缸瓦"），也以"石湾公仔"声名远播。先后在佛山石湾和南海奇石发现唐宋窑址，发掘出的半陶瓷器，火候偏低，硬度不高，坯胎厚重，胎质松弛，属较典型的唐代南方陶器。

自明代起，石湾打破了过去单一日用陶瓷出口的状况，艺术陶塑、建筑园林陶瓷、手工业用陶器也不断输出国外，尤其是园林建筑陶瓷，广受东南亚人民欢迎。至今在东南亚各地以及中国香港、中国澳门、中国台湾地区的庙宇寺院屋檐瓦脊上，完整地保留有石湾制造的瓦脊近百条，建筑饰品更无法统计。石湾的陶店号在明代已称为"祖唐居"，至清末时名家辈出，行会组织日益精细，根据初步统计，共有二十四种行会之多。

据不完全统计，清代岭南建筑陶塑脊饰国内外共有遗存 107 条，其中最有代表性的是广州陈氏书院、三水胥江祖庙、佛山祖庙、德庆悦城龙母祖庙、罗浮山冲虚古观、西樵云泉仙馆、东莞康王庙、广西百色会馆、澳门观音堂（普济禅院）、越南西贡天后庙等处。佛山祖庙现存清代陶脊 15 条；广州陈氏书院现存清代陶脊 11 条；德庆悦城龙母祖庙现存清代陶脊 5 条；西樵云泉仙馆现存清代陶脊 4 条，广西百色会馆现存清代陶脊 4 条；澳门观音堂（普济禅院）现存清代陶脊 6 条。国内现存于建筑上最早的石湾陶脊残件制作于 1793 年，属于三水胥江祖庙屋顶建筑构件；现存最早的完整的陶脊制作于 1827 年，现存佛山祖庙博物馆，其中 33 条陶脊年份不详，9 条陶脊制作于民国时期，其他 62 条陶脊原作的制作年份为 1817 年至 1911 年，其中 40 条集中在 1888 年到 1907 年这 19 年间，是清代末年岭南陶脊发展到成熟阶段的实证。

（二）陶塑的种类

岭南地区传统建筑陶塑一般分为陶塑瓦脊、琉璃瓦、盆景和照壁。

1. 陶塑瓦脊

陶塑瓦脊，又叫"花脊"，被广泛运用于屋宇、庙堂、宫观等建筑的屋脊装饰上，故称为"瓦脊"，采用陶塑人物、动物、花卉进行装饰，体现了岭南地区汉族民间建筑装饰浓郁的地方特色。

2. 琉璃瓦

琉璃瓦包括各类瓦筒、瓦当、滴水、宝珠、草尾及装饰兽头如狮、龙、鳌鱼等，有黄、绿、蓝及绛红诸色，纹样及造型多采用浮雕式，线条流畅，大方稳重。现佛山祖庙"灵应"牌坊门楼上之琉璃瓦制品，即为石湾生产，脊上所饰鳌鱼施黄、绿、白三彩，站狮则施蓝、绿、白三彩，造型古朴粗犷，美观大方（图 2-4、图 2-5）。

依照瓦的不同部位，有着不同的名称，主要包括底瓦、盖瓦、筒瓦、板瓦、勾头、滴水等。

图 2-4　黄、绿、蓝琉璃瓦（东莞可园）

图 2-5　琉璃瓦（德庆龙母祖庙）

底瓦：是指阴阳合瓦顶或者筒板瓦顶中，下一层仰置的瓦。

盖瓦：是指阴阳合瓦顶或者筒板瓦顶中，盖在两块底瓦缝上的瓦。

筒瓦：是指外形为半圆筒形状的瓦；在筒瓦线上檐端的一块做圆头的筒瓦，称为勾头、瓦当、猫头。

板瓦：是指外形为平板状且两侧稍高于中间，前段稍狭于后端的瓦；在板瓦线上檐端的一块做如意头形的板瓦，称为滴水。

3. 盆景

盆景陶塑，又称山公，即山水盆景中的公仔，是石湾独有的一种传统工艺，起源于清代光绪年间，它的雕塑包括了人物、动物和器物等多种造型艺术，以手工雕刻为主，结合小石膏印模，大者有 20 厘米左右，小者仅寸许，最细小者只有米粒般大。

4. 照壁

装饰壁画主要包括陶瓷镶嵌照壁、花窗、花板等，多采用高浅浮雕塑造，内容为吉祥如意之类。佛山祖庙西侧"忠义流芳祠"内石湾"英玉店"制作的大型镂空云龙纹照壁，原为石湾花盆行产品，其中云纹施以绿釉，蝠施酱釉，龙施黄及蓝釉，色彩明快，立体感极强，塑制手法简练含蓄，整体效果和局部刻画俱佳，是一件不可多得的陶塑装饰艺术品（图 2-6）。

图 2-6　照壁（佛山祖庙）

（三）陶塑的题材及特色

1. 陶塑的题材

陶塑脊饰的题材与岭南其他类型的传统建筑装饰题材有千丝万缕的关系，并且都具有强烈的岭南地域特色。据统计，1888 年以前的岭南陶塑脊饰题材多为花果、鸟兽、器皿等，而 1888 年以后的岭南陶塑脊饰则几乎全为人物故事类题材。岭南陶塑脊饰选用的一般是具有岭南地域特色的花果鸟兽题材，例如荷花、佛手瓜、石榴等花果，鳌鱼（图2-7）、鸭子、南方的独角狮子等。佛山祖庙的陶塑脊饰就有狮子滚绣球、连（莲）登三甲（鸭）、富贵荷花图等题材（图2-8）。

图2-7　屋脊上的陶塑鳌鱼（南社古村）　　　　图2-8　屋脊陶塑花卉（龙母祖庙）

（1）花卉瓜果。花卉瓜果是清中晚期岭南地区建筑陶塑屋脊的主要装饰内容之一，寄托了人们对幸福、美满生活的渴望与追求。陶塑屋脊上面所塑的花卉瓜果，包括牡丹、荷花、莲花、梅花、菊花、茶花、玉兰花、水仙、佛手花、石榴、桃子、葡萄、柚子、葫芦、杨桃等。其中，牡丹象征富贵，荷花象征高洁，莲花象征廉洁，梅花象征坚强，菊花象征高雅，茶花象征吉祥，玉兰花象征纯洁，水仙象征吉祥，竹子象征傲骨，佛手花象征福与寿，桃子象征长寿，石榴、葡萄象征多子，柚子谐音"佑子"象征团圆，葫芦谐音"福禄"象征多子。

（2）祥瑞动物。祥瑞动物也是清中晚期岭南建筑陶塑屋脊常见的装饰题材。屋脊上面所塑的祥瑞动物包括龙（图2-9）、凤凰（图2-10）、麒麟（图2-11）、狮子（图2-12）、骏马、鹿、仙鹤、喜鹊、鳌鱼、鲤鱼、鸭子、蝙蝠等。

图2-9　青龙陶塑（龙母祖庙）　　　　图2-10　脊饰上的凤凰陶塑（胥江祖庙）

图2-11　博古架上的陶塑麒麟（佛山祖庙）

图 2-12　澳门观音堂陶塑脊饰狮子滚绣球（源于《晚中清期岭南地区建筑陶塑屋脊研究》）

（3）人物故事场景。 建筑正脊上的陶塑脊饰多为人们耳熟能详的故事或者粤剧戏曲，如佛山祖庙陶塑脊饰中的"哪吒闹东海""刘备过江招亲""姜子牙封神"等（图 2-13、图 2-14）。

图 2-13　哪吒闹海（佛山祖庙）

图 2-14　姜子牙封神（佛山祖庙）

日月神乃是取材自小说"桃花女斗周公"，女为桃花女，即月神；男为周公，即为日神；他们原来都是玉皇大帝身旁之金童玉女。桃花女和周公在天上是一对，下到凡间也依然牵缠不休，关系从未真正断绝，虽是怨偶却也是天造地设的一双璧人（图 2-15）。

（4）纹样、博古器物。

暗八仙： 暗八仙是清中晚期岭南地区建筑屋脊常用的装饰题材，即神话故事中八仙所持的法器，象征吉祥如意（图 2-16）。

图 2-15　日神和月神

图 2-16　暗八仙陶塑装饰（清晖园）

宝珠： 古人传为一种能聚光引火的宝珠，是一种神奇的通灵宝物，被视为祥光普照大地、永不熄灭的吉祥物（图2-17）。

夔龙纹： 商周青铜器上，常以夔纹作为装饰，经过工匠们的简化和抽象后，其形象为头不大、身曲折如回纹（图2-18）。古人把夔归为龙类，所以夔属于具有神圣意义的兽类。

图2-17　鲤鱼跳龙门宝珠脊刹（胥江祖庙）　　　　图2-18　脊饰夔龙纹（龙母祖庙）

博古纹： 博古纹与夔龙纹十分相似，都是以方形作组合，不同之处在于夔龙纹通常作为陶塑屋脊两端的装饰，并塑有眼睛，头、角、身和尾均被简化。博古纹通常作为陶塑屋脊镂空方框部分的装饰（图2-19）。

图2-19　博古架脊饰（佛山祖庙）

卷草纹： 卷草纹是根据各种攀藤植物的形象，经过提炼、简化而成，有时陶塑艺人把龙头加在卷草纹的一端，便把它变成龙形，或在卷草末端加上平排幼长的曲线，是它看起来恰似龙形。因其图案富有韵味、连绵不断，具有世代绵长的寓意。

2. 陶塑的特色

随着时间的推移，石湾陶塑在漫长的历史长河中不断沉淀、凝练，呈现出造型生动传神、胎釉浑厚朴实的岭南地方特色。

（1）造型生动传神。 石湾陶塑作品给人鲜明、生动、充满生活气息的艺术美感。石湾人物陶塑用简洁的块面和流畅的线条表现人物形象的总体动作姿势，结合质朴粗拙的陶土和浑厚凝重的釉彩，表现人物豪放粗犷的艺术风格。石湾陶塑注重人物神态的细致刻画，尤其是脸部五官，直接突显人物的性格特征、内心情感变化及作品蕴含的深层意蕴。陶艺师习惯采用动静强弱、明暗虚实、粗细拙雅等对比反衬的艺术手法来表现人物生动的艺术形象，从而使人物陶塑的造型和神韵融合、渗透。

（2）胎釉浑厚朴实。 广钧釉装饰的石湾陶塑用的陶土坯胎比较厚，泥质不像瓷的瓷泥那样细腻。石湾陶艺人根据当地泥土材料，型体设计上端庄大方、线条洗练，通过块面与线条的合理运用、强弱表现、合理安排，既能很好地形成陶塑体量、表现空间感，装饰性也很强。大块面的整体雕塑，看起来统一和谐，大气，体现了稳重的整体风格。

（3）岭南地方特色浓郁。 石湾陶塑具有纯朴的地方风格，是在岭南地域文化因素的哺育下形成的，它们的艺术风格与表现形式都强烈地表达出岭南地区的人文风貌及南粤人民的审美情趣，具有浓郁的地方特色，可以说是一幅幅立体的岭南风情画。石湾的陶塑瓦脊、山公盆景等艺术形式自成一体，瓦脊反映了岭南的建筑风情，盆景则浓缩了岭南盆栽艺术的精华，表现出岭南传统的审美意识，从而成为岭南社会风情艺术的代表。艺人们还创造了众多包含岭南人特质的艺术作品，如劳动群众的形象往往都是上裸、下跣、短裤、裛衣、笠帽，作品如"抽竹筒水烟""倒泻蟹箩""好大靓蕉""夏夜招凉"，等等，都是岭南群众生活的真实写照，内容平凡琐碎，外观上是俗文化的形式，在艺术内涵上却很高雅，不管是普通劳动者还是文人雅士，都能从观赏中得到愉悦。

（四）陶塑的建筑载体

石湾陶塑艺术与岭南传统建筑的关系尤为密切，为了适应祠堂、庙宇和一些建筑的装饰需要，工匠们制作了花盆、鱼缸、花座、花窗、影壁等陶塑艺术品作为建筑构件；为了满足宗教活动需要，石湾大量制作了瓦脊、偶像和门神等，带有明显的实用性痕迹。陶脊在明清时期成为岭南最高等级的建筑屋脊装饰，巧妙地把亭台楼阁、人物和鸟兽虫鱼进行合理的安排，从而产生极为丰富的韵律美，是一项奇迹。

（1）正脊。 正脊是屋顶前后两个斜坡相交而成的屋脊。陶塑正脊通常以戏剧故事人物、花卉、祥瑞动物、器物纹样等为装饰题材，内容丰富，双面都有图案（图2-20）。

（2）垂脊。 垂脊是庑殿顶正面与侧面相交处的屋脊，歇山顶、悬山顶和硬山顶的建筑上自正脊两端沿着前后坡向下，都叫垂脊。陶塑垂脊通常以花卉、卷草纹、蝙蝠云纹等为装饰题材，双面都有图案。在规模较高的庙宇垂脊上方，还装饰有垂兽（图2-21）。

图2-20   陶塑正脊局部（胥江祖庙）   图2-21   垂脊（佛山祖庙）

（3）戗脊。 戗脊是歇山顶自垂脊下端至屋檐部分、与垂脊在平面上形成45度角的屋脊。

陶塑戗脊通常以花卉、卷草纹等为装饰题材，双面都有图案。在规格较高的庙宇戗脊上方，还装饰有戗兽。

（4）角脊。角脊是指垂脊的垂兽之间的三分之一部分，庑殿顶或重檐歇山顶下层檐的四角，亦称角脊（图2-22）。陶塑角脊通常以卷草纹、蝙蝠云纹等为装饰题材，双面都有图案。

（5）围脊。围脊是重檐式建筑的下层檐和屋顶相交的屋脊。陶塑围脊通常以龙纹、戏剧故事人物等为装饰题材，为单面装饰屋脊（图2-23）。

　　图2-22　角脊（佛山祖庙）

　　图2-23　围脊（肇庆龙母祖庙）

（6）看脊。脊院落厢房上的屋脊。陶塑看脊通常以花鸟、祥瑞动物、戏剧故事人物题材（图2-24），胥江祖庙看脊以古典戏曲和传说为题材，塑造了山水人物、花鸟禽兽形象，千姿百态，栩栩如生。

　　图2-24　看脊（胥江祖庙）

二、陶塑任务实操

实操内容	知识目标	能力目标	素质目标
1. 陶塑的工具	了解陶塑的基本制作工具	掌握陶塑基本工具的使用方法	能够灵活使用工具并进行工具的搭配
2. 陶塑的材料	了解陶塑的基本制作材料，了解材料的配比与发酵方法	掌握陶塑的基本制作材料搭配，掌握材料的配比与发酵方法	能够灵活根据作品的特点，进行陶塑的材料搭配，熟练进行材料的配比与发酵
3. 陶塑的塑造工艺	了解陶塑的塑造工艺	掌握陶塑的塑造工艺	能够通过塑造工艺，进行基本的陶塑制作，灵活运用塑造技法进行制作

实操内容	知识目标	能力目标	素质目标
4. 陶塑的上釉工艺	了解陶塑调釉和上釉的基本步骤与方法	掌握陶塑调釉和上釉的基本步骤与方法	能够自己进行色彩搭配，调釉并上釉
5. 陶塑的烧制工艺	了解陶塑整个的烧制流程	掌握陶塑整个的烧制过程的温度与时间把控	能够现场掌握陶塑烧制过程的温度变化与时间把控，进行烧制
6. 工程训练	观摩工地装配陶塑的工艺操作	掌握工地屋顶现场装配陶塑的方法	能够掌握工地屋顶现场装配陶塑的方法，并能够进行装配调整

（一）陶塑的工具

石湾陶塑匠人很重视雕塑的工具，他们使用的工具俗称"牙批"（因其形似象牙，故名），由竹、木或铁片制成，包括刮刀、刨刀、三角刀、蚂蟥刀、鳝尾刀等（图 2-25、图 2-26），大小长短不一，没有统一的规格，多为匠人因用途而自制。"牙批"多采用当地的九里香木削制，具有坚硬柔韧、轻重始终、使用起来不粘泥的特点。

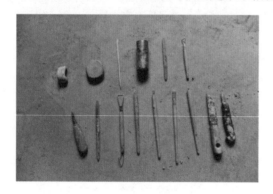 

图 2-25　陶塑工具 1（菊城陶屋）　　　　　图 2-26　陶塑工具 2（菊城陶屋）

（二）陶塑的材料

石湾人物陶塑的制作工艺独特之处，主要表现在采用本土陶泥、自配釉药、雕塑结合技艺以及高低温煅烧等几个方面。

1. 选土

石湾地区蕴藏丰富的陶土和岗砂，这是制作艺术陶塑的主要原料。石湾陶器的坯胎以东莞陶泥与石湾砂混合而成。东莞陶土质地较细，黏性较大，含铁量少，煅烧后胎色较白。若仅以东莞土制坯，则因其土质松散，耐火度低，不足以成器件。若 20%～30%的石湾砂和 80%～70%的东莞泥相混，则熔点可大大提高到 1700～1800℃，烧制温度约达 1250℃时，器形稳定不变。如果坯土中东莞陶泥不足，则含铁量较多，煅烧后胎色偏红，佛山祖庙灵应祠瓦脊极少胎色偏红即是如此。反之，如果胎土中所含东莞泥较多，则胎色暗灰，佛山祖庙陶塑瓦脊也有少许公仔即属此类。如果以石湾细山砂与东莞陶泥的配合量正合其份，则煅烧后的胎色较白，佛山祖庙灵应祠前殿和正殿等建筑上绝大多数的正脊公仔胎色较白。

2. 炼泥

石湾地区本土的陶泥泥质粗糙，可塑性能差，陶泥要经过陶工的炼制才能塑造成型和上釉煅烧。陶工炼制陶泥，首先将陶土按一定的比例配搭混合、置于"泥井"即炼陶土的方池，注入适量的水，待泥吸水松软，再掺入适量岗砂。过去人工操作时长达一两个月，现有机器辅助，泥土需经过陈腐五天以上，使泥分解为极细微颗粒（图 2-27）。然后将陶泥从池中取出堆放于地面，工人以脚踩踏，反复多次，使陶泥全部混合均匀，并且达至适度软性，即称为熟泥，可用作轮制陶器原料。

图 2-27　泥池（菊城陶屋）

（三）陶塑的塑造工艺

陶艺坯体的制作主要分为手捏成型、拉坯成型、泥条盘筑成型、泥板成型、印坯成型、注浆成型。这其中也有把印坯成型和注浆成型统一划分为模具成型的分法。

（1）手捏成型。手捏成型即手工直接捏制成型。在陶艺的成型技法中，手捏成型是最基本的制作方法。这种技法是以泥条为基础，再用手捏制塑造，一些手捏不到的部位或较细致的造型才借助简单工具进行雕琢。匠人按照大处着眼、小处着手的雕塑原则，先捏塑出整体大局的小样作为初稿，之后再根据取舍，塑造出高度概括的工艺品。捏塑的技法风格粗犷豪放，线条苍劲，类似于国画的大写意手法，具有极其浓郁的民间艺术特色（图 2-28、图 2-29）。

图 2-28　捏塑（菊城陶屋）

图 2-29　捺塑（菊城陶屋）

（2）拉坯成型。拉坯成型亦是陶艺的主要成型方法，需使用人力转动或电力驱动的辘轳。

辘轳是圆形陶瓷器皿成型的主要工具，古称"陶钧"，又称"陶车"，现在称为"拉坯机"。当辘轳转动时，利用辘轳作圆周运动时所产生的离心力，在人手的压力与拉力共同作用下，将揉制好的一定体积的泥团变形成坯。

（3）**泥条盘筑成型**。这种把泥料搓成长条或用泥条机挤压出泥条后，再圈积盘筑的成型方法是最为古老的制陶方法，是陶艺成型技法之中最为方便，造型表现力最强的技法之一。它几乎可以制作出圆形、方形、异形等任何形制的作品。还没有发明在辘轳上拉坯以前，工匠们用泥条盘筑法制作较大型的器物。此种方法至今仍然在用，因为用泥条盘筑法制作陶艺，泥条可以自由地随性弯曲和变化，出现盘旋而生的纹理。

（4）**泥板成型**。先根据需要进行泥板的制作，常常利用陶泥碾、拍或切割成板状，泥板的厚度随制作需要而定，注意泥板的厚度要均匀。目前泥板机是非常便利的泥板成型工具。这种将制成的泥板围合后用泥浆粘接成器物的成型方法即是泥板成型法。这种方法在陶艺制作中运用广泛，变化丰富。围合粘接制作时要求泥板的软硬程度适中，粘接面做刮痕打毛处理，使泥板粘接面能够挂上足够量的泥浆，用来粘接使用的泥浆要有一定的浓稠度，在粘接后保证其牢固度。形制自由、变化随意的器物适合使用比较湿软的泥板，制作形制规矩、挺拔直立的器物用稍微干硬的泥板粘接即可。

（5）**印坯成型**。将泥料分制成片、条等形状后填入预先制作好的石膏模具之中印坯成型。可用搓、捻、按、拍、擀或机制等方法制得泥条和泥片。泥料填压进入石膏模具之前，可在石膏模具内抹一层滑石粉作为脱模剂。泥料填压进入石膏模具后，需要用手或柔软牛皮、绒布把泥块压紧，使泥料与石膏模具完全吻合形成坯体。模具印坯成型可以更快且准确地把形体复制出来，还有很多艺术家在把制好的坯体从模具中取出来后根据需要重新组装。

（6）**注浆成型**。注浆成型有两种方法，即空心注浆法和实心注浆法。空心注浆法是把含水量适量的泥浆注入到模具之中，等一定厚度的泥浆粘覆在模具上后，将多余的泥浆倒出，待其干燥脱模后形成坯体。基于此，泥浆的流动性和模型的吸水性是根本，温度湿度是主要参数，实心注浆法类似于印坯成型，不同的是用泥浆取代泥块。为了使成型顺利进行并获得高质量的坯体，必须对注浆成型所用泥浆的含水量、黏度、流动性、稳定性、触变性、滤过性等性能有所要求，注浆成型的坯体要有足够的强度且成型后坯体脱模容易。

（四）陶塑的上釉工艺

青、红、白、黄、黑是石湾釉色的五个色系，它们又因为颜色深浅不同从而产生不同的色釉系列，例如冬青、粉青、梅子青、翠青、苍绿、深蓝、浅蓝是属于青色系列；红色系列中有祭红、宝石红、石榴红、枯红、粉红、钧红、茄红、茄皮紫、葡萄紫等釉色；白釉中有葱白、纯白、月白、牙白等白色系列；黄釉中有浇黄、鳝鱼黄等黄色系列；黑釉中有黑褐、乌金、铁棕、紫金、玳瑁等，种类多样，数不胜数。在这些各种釉色中，仿钧釉最为著称。

蓝色调是石湾仿钧窑釉色的主要色调，颜色里也带有白、红、紫等颜色。其釉色丰富多彩，色釉有垂流的效果，也有云斑、兔毫的效果，纹理细密，且富于多变，五彩缤纷。石湾仿钧釉是模仿钧窑的，但色彩方面比其更为多样而富于变化。石湾窑之所以能在仿名窑釉色的基础上成就独特的釉彩艺术成就，很大原因是因为在供职于石湾窑的工人，很大部分原来就是中原地区研究陶瓷技艺业的陶工，他们因各种历史原因而南迁至岭南地区后，凭借在制作陶瓷的技艺和经验继续在石湾窑进行生产和创作。

1. 釉料

制作石湾仿钧釉的主要原料有桑枝灰（图2-30）、杂柴、稻草灰（图2-31）、河泥、玉石粉（图2-32）。桑枝灰本身颗粒很细，已经符合配釉的条件，但燃烧后的桑枝灰含有还没完全烧完的木炭、草屑等杂质，需要隔离开来。去杂质一般用水淘洗，也叫漂洗法。传统的杂柴是用松木制作的，但由于现在松木多用来做家具，价格偏高，所以就把各种废弃的木材放在炉子里烧，取其燃烧后的灰，一般呈青灰色，也有的呈黄灰色。稻草灰是稻草经过燃烧后的灰，经过漂洗，保持成半湿状态，再用磨球加工，再经沉淀、过滤、干燥后就可以使用。河泥是取于河渠中的淤泥，一般含腐殖杂质有机物较多，需要将河泥和杂质分离。玉石粉是将玉石废料经过高温的烧制，再加土进行粉碎。其他的配釉矿物质，如石英、长石等，经过磨研后，加水，用湿法球磨然后过滤、吸铁。广钧釉色用草木灰配釉是学习钧窑的，因草木灰含有磷酸钙成分，烧制后呈现白色。

图2-30　桑枝灰　　　　　　图2-31　稻草灰　　　　　　图2-32　玉石粉

石湾陶塑是用陶泥做坯胎，一般广钧釉色的施釉都是采取重复施釉法，也就是分底釉和面釉，底釉可以覆盖陶泥坯胎表面的小气孔，而且减少陶泥坯胎对面釉的吸收。底釉以氧化铁为主要着色剂，黑色或是棕黑色，有些还酌量引入少量形成黑色氧化物，面釉则随所需的颜色而变。

2. 上釉

仿钧釉是一种艺术釉色，其窑变就充满了独特的艺术效果，施釉方法是产生不同艺术效果的方式之一，可以说，施釉是让陶塑绽放生命光彩的重要手段。施釉采用各款料笔，有羊毛笔、狼毫笔、鸡毛笔、笃笔、扫笔、填笔等，一般要求笔锋尖细均匀而且有弹性。一般来说，蓝釉、紫斑等均采用点釉法，用毛笔蘸釉在浸或者浇过的釉面上点滴成斑块，使釉面高低不一，这样烧成出来的花纹变化多样，效果就像一幅美丽的山水画，令人身心愉悦。石湾仿钧釉的施釉是先浸或浇一层5～7毫米的底釉，接着在釉面上点滴或涂釉，釉面出现厚薄不一的效果。也有石湾陶艺人采用弹釉的方法，他们用手沾上一些釉料，然后用指头弹到作品上，这样也会产生很独特的艺术效果。

釉层厚度过小，在坯胎上形成的釉层较薄，就不容易覆盖陶泥的坯胎，使釉色的光泽度不好，烧成后容易产生欠釉、发黄等现象。釉层厚度过大，施釉时不容易操作，坯胎有棱角的地方往往施不上釉，而凸出部分又因为釉层过厚而开裂，烧成后陶瓷制品表面会产生堆釉的现象。通常，底、面釉要求基本上一致（图2-33、图2-34）。

图 2-33　匠人上釉 1（菊城陶屋）

图 2-34　匠人上釉 2（菊城陶屋）

（五）陶塑的烧制工艺

以前的陶塑都是出于柴烧窑，也称龙窑。古龙窑是指古代用柴草、松枝烧制陶瓷的龙形土窑，用土和陶砖砌成。古龙窑最早始于战国时期，以形状像龙得名。古龙窑依山势砌筑成直焰式筒形穹状隧道，一般长 30～100 米，分窑头、窑床、窑尾三部分，沿窑长方向两孔间距约为 80～100 厘米。从横断面来说，窑头最小，窑中部最大，窑尾又较小。据最新考证，国内目前仅存三座还在烧制陶瓷品的古龙窑，分别是福建莆田仙游的"陶客古龙窑"，广东佛山石湾的"南风古灶"（图 2-35、图 2-36）和宜兴的"前墅古龙窑"。

图 2-35　南风古灶正景（南风古灶）

图 2-36　南风古灶阶梯式作坊（南风古灶）

除了在雕塑、造型、釉色上有着精湛的技艺之外，煅烧也是石湾陶塑成型、成功的关键一环。煅烧温度的高低、时间的长短，甚至连煅烧部位的对错和燃料材质的好坏，都会影响到陶塑品质的高低。上好釉的陶塑，要在龙窑中煅烧，温度在 1200～1300℃之间，在低温阶段（600℃之前）升温要慢，防止坯胎开裂或出现滚釉现象。过了低温阶段，可以自由升温，当温度升到 1100℃，温度的升温要稍稍变慢，直到 1200℃，又要开始快速升温直到 1300℃。这时开始保温，急剧冷却到 1150℃左右保湿 30 分钟左右，才可以让温度顺其自然地下降。总的周期是 12～14 小时，保温的目的是拉平窑内的温差，使全窑炉的陶瓷制品的高温反应均匀一致。再从窑背上增加柴火，煅烧整整 6 小时，此称"上火"。上百个火眼，整齐地分布在窑背上，供烧陶人随时观察火势大小、产品成色并决定是否添加柴火。最后，经过 24 小时冷却，才能进入窑内搬运陶塑。

窑变釉是将窑烧时釉料在一定熔点上使用一种或若干种釉药发生熔合、流动状态下引起的物质结构组合变化而产生的包含多种色彩的釉。这种艺术效果难能可贵，可谓"佳趣天成"，因为窑变是一种无法预测的艺术效果，器物置放的位置、煅烧温度高低，甚至用于煅烧的木料都影响窑变的成色。窑变釉是上天对辛勤陶工的馈赠，鲜艳夺目的窑变釉给石湾陶塑增添了不可言喻的艺术魅力（图2-37）。

"开片"是广钧釉窑变的一大奇美的艺术特征。开片成了一种具有强烈特色的装饰手段，能给人带来美的感受，因此得到人们的喜爱。从宋代以来，这种装饰已经非常流行，其装饰的特别之处，也是收藏广钧釉色陶塑的潜在价值（图2-38）。

图2-37 变釉碟（源于《坚守与传承——
何湛泉的多元故事》）　图2-38 开片白釉太白醉酒（源于《坚守与传承——
何湛泉的多元故事》）

（六）工程训练

在工地进行实操训练，需要提前为学生宣讲工地安全注意事项与安全操作法规，学生需佩戴安全帽，分组进入工地，有序地跟从教师和工匠进行学习。

工程训练安排		
课程内容	课时	任务
1. 工地熟悉与安全讲解	1	了解工地陶塑安装与保养的安全知识与操作方法
2. 老师示范	2	示范陶塑安装的步骤与方法要领
3. 陶塑安装实操	5	进行陶塑的安装与修复
4. 陶塑安装后养护	2	掌握陶塑定期养护的方法与技术

三、陶塑的传承与发展

（一）陶塑的传承现状

随着现代电窑、气窑的产生，传统柴烧窑的技艺已经慢慢失传。现代釉料调制中，大多是采用化学颜料，生产周期快速，颜色明丽而艳俗，很少能够找到自然釉料配置的内敛釉色与柴烧窑给器物带来的窑变。快速化与批量化，追求价格低廉，使得大部分陶塑失去了应有的古朴与韵味。

陶塑技艺在岭南古建筑文物修复中起到了举足轻重的作用，由于原来的陶塑是用龙窑烧制的，而能够进行传统建筑陶塑的修复工匠目前在广东地区并不多，所以，陶塑的传统制作技法，在古建筑修复和仿古建筑新建中的意义非常重大。目前能够胜任这项工作的只有一些年龄大的工匠，传统的石湾陶塑技艺发展到现在，已经面临后继无人的困境，努力在有限的市场空间和现实的社会环境中，吸引部分年轻人投入到陶塑技艺传承并将其当成终生职业，是石湾陶塑技艺保护与传承的关键。

新中国成立后，石湾陶塑的发展进入黄金期。生活方式的变化使得陶塑必须放弃最经典的"瓦脊陶塑"，而向工艺品的方向发展。改革开放以来，在老、中、青三代陶塑艺人的共同推动下，石湾陶塑迎来了创新的春天。有的艺人坚守传统，在传统体裁、风格之内，让技艺日臻完美；有的则把文化创意、其他陶艺风格引入石湾陶塑之中，为其注入新的活力。石湾陶艺人以博大的胸怀、宽容的心态，对待每一次难能可贵的创新。

（二）陶塑传承人代表

陶塑技艺具有人文性、地方性、民族性的特点，在艺术创作上更是风格独具。当代陶塑名家有何湛泉、刘泽棉、黄松坚等人。

1. 何湛泉

何湛泉，第一届岭南传统建筑名匠，1963 年出生于广东中山小榄，现任国际石湾陶艺会理事、广东省中国文物鉴藏家协会专家委员会常务理事、中山市古陶瓷研究会副会长、中山市小榄收藏协会副会长。何湛泉 17 岁时拜石湾陶艺家劳植为师学习陶艺，1983 年于中山小榄创办"菊城陶屋"。他收藏有近千件旧石湾陶器，并坚持用石湾陶艺的传统技法，擅长岭南古建筑陶塑瓦脊的修复和制作，先后主持了广州南海神庙、德庆悦城龙母神庙、三水芦苞祖庙、佛山祖庙等多个著名文物保护单位陶塑瓦脊的全面修复工作。2000 年在广东民间工艺博物馆首次举办个人收藏与陶艺专题展览。

2. 刘泽棉

刘泽棉，广东省工艺美术家、石湾美术陶瓷厂高级工艺师，40 多年来，他植根于石湾这片沃土，用石湾的泥土和火造化了数百件陶塑作品。刘泽棉出身于"石湾公仔"世家，艺传四代，他终日与泥土、陶釉、窑炉为伴，将执着的追求寄托在陶土中。刘泽棉的陶塑以仙佛、罗汉、古代文人、仕女为主，其作品造型严谨、雄健，线条刚劲、流畅，施釉浑厚、典雅。在刘泽棉众多的杰作中，当推他近年与其弟刘炳及儿子刘兆津合作获得"中国工艺美术品百花奖珍品奖"的大型组塑《十八罗汉》和《水浒一百零八将》，这两组陶塑人物众多，气势磅礴，开创了石湾陶塑人物大型组塑之先河，可谓在石湾陶塑史上树起的两面丰碑。罗汉是石湾陶塑的传统题材，但以"十八罗汉"构成组塑，在石湾陶艺史上是首创。作品以卓越的造型能力和娴熟的捏塑技艺，将"十八罗汉"迥异的神态、风度、气质塑造得活灵活现，令人叹为观止。1980 年，为了创作《十八罗汉》，他用一年多时间精心捏塑了 160 多个小泥稿，经反复筛选、定稿，最终 18 个姿态各异、富有个性的罗汉才得以成型。"十八罗汉"或坐、或立、或卧、或笑、或怒、或呼、或持杖、或托钵、或展卷，各有其传神之处，眉宇、眼神、举手投足之间都富有性格的表现力。《十八罗汉》组塑问世后，蜚声国内外，被誉为"石湾陶塑人物史上的里程碑"。

年过七旬的刘泽棉先生在创作《叶问》雕塑时，为了尽量真实反映人物不同动作，费尽周折，从叶问的家属处搜集了十分珍贵的叶问习武照片 100 多张，并对每一张照片仔细研究，经历数月才动手制作，最终作品为 4 件组合，展示了叶问习咏春拳的不同动作形态。刘泽棉对自己的作品精益求精，千锤百炼已成习惯，而跟从他学习的徒弟也有不少自立门户。

3. 黄松坚

黄松坚，中国工艺美术大师，石湾陶艺的省级传承人，他将贴塑技法灵活运用，创作了《春夏秋冬》等精品，同时他还首次把诗与陶塑和谐融合，即"塑中有诗，诗中有塑"，使得陶塑的书香味更为浓郁。1958 年，19 岁的黄松坚从东莞来到石湾，在刘传、刘泽棉的影响下走上了陶艺之路。他借鉴浮雕、圆雕的技艺，为陶塑加上底座、辅以厚实背景，以展现立体感、宏观感。《孙中山》《继往开来》等作品，均获得较大反响。

4. 青年一代

在石湾陶塑技艺的大家庭，亦有一大批中、青年陶塑艺人，他们尊重传统，敢于开拓，对陶塑兴趣浓厚，刘泽棉之女刘建芬、黄松坚之子黄志伟等都投身其中。他们为石湾陶塑的发展带来了勃勃生机和无限可能。

封伟民，内敛而传统，早期多创作仕女等传统主题。在他平静的外表下，却激荡着创新的力量。1997 年前后，封伟民敏锐地将《武将系列》引入陶塑的表现主题。《五虎将》《勇夫》《曹操》等意气风发、气势豪迈的作品应运而生，在陶艺界引发起一股"武士"热潮。

范安琪，一位看起来略显文弱的女子，从 1989 年起就与石湾陶塑结下了不解之缘。艰苦学艺 4 年之后，她从学徒成长为一名陶塑艺人，并有了自己的工作室。与石湾陶塑接触 20 年，她对创新有着自己的理解，"现代人渴望传统，同时也希望现代。"范安琪的大部分作品，既浸透传统味道又饱含现代气息。

（三）陶塑的发展

陶塑作为国家级非物质文化遗产，承载着传统，只有既不拘于古，又不离其神，才能在坚守传统与创新中找到平衡点。现今大家已经认识到传统文化与工艺的价值，传统陶塑技艺也会受到更多关注，培养热爱陶艺的年轻人，将这门技艺传承下去，把传统柴烧的火把一直传递下去。石湾陶塑之创新，一是运用技艺、工具之进步，将其写真写实的特性放至最大；二是在挖掘传统优势的基础上，采用夸张、仿古等手法，将陶塑与文化创意结合，以期更符合现代人的审美观念和生活需求。

何湛泉先生一直在探索将传统陶塑工艺与现代建筑设计的结合运用。他最经典的作品是为顺德和园做的大型"龙舟影壁"（图 2-39、图 2-40）。用陶塑的技法和釉色，演绎顺德最具特色的传统习俗——赛龙舟。此照壁出自菊城陶屋，耗时 3 年打造完成。采取岭南传统的陶塑工艺制作，运用最原始的龙窑柴烧煅烧而成。此照壁正面是赛龙舟的形象，上面出现人物112 个，后面则是 300 多字的书法陶塑诗文，匠人们逐字雕刻、烧制，凝聚了真正的"工匠精神"。这幅富有岭南传统艺术及顺德本土风情的和园"影壁"，在陶塑工艺的创作下，成为具有顺德文化象征的标志性建筑。

图 2-39　龙舟影壁局部 1（菊城陶屋）

图 2-40　龙舟影壁局部 2（菊城陶屋）

何湛泉也结合一些现代室内空间作为尝试。比如"菊城陶屋"造的陶塑鼓凳（图 2-41）是颇具岭南特色的家具，在国内订购量颇大，主要运用在室内软装设计中，起到了很好的点缀效果，不论是中式、新中式还是现代简约风格，都非常百搭。

图 2-41　陶塑家具

现代石湾陶塑更多的是以工艺品、礼品的形式创作。陶塑家的创作题材广泛，造型各异，有历史人物也有现代生活，有具象形态也有抽象形式。

课后练习题目

一、选择题

1．东汉最有代表性的陶塑是成都天回山出土的（　　　），反映出东汉时期塑造艺术的高度成就，具有很高的艺术价值。

　　A．兵马俑　　　　　B．青铜鼎　　　　　　　C．说唱俑　　　　　　D．汉白玉

2．（　　　）所表现的激扬慷慨、瑰丽多姿、壮阔奇纵、恢宏雄俊的格调，正是唐代那种国威远播、辉煌壮丽、热情焕发的时代之音的生动再现。

A．青花瓷　　　　B．珐琅彩　　　　C．唐三彩　　　　D．粉彩

3．广东石湾是岭南地区重要的陶器产区，属于民窑体系，有（　　）多年历史，故有"石湾瓦，甲天下"之美誉。

A．一千五百　　B．八百　　　　C．一千　　　　D．三千

4．石湾的陶店号在明代已称为"祖唐居"，至清末时名家辈出，行会组织日益精细，根据初步统计，共有（　　）行会之多。

A．二十四种　　B．二十种　　　C．二十八种　　D．三十种

5．灰塑上彩干透后，颜色都会变淡，因此一般要上（　　）颜色才能保证色彩效果和持久性。

A．2次　　　　B．6次　　　　C．5次　　　　D．3次

6．（　　）是清中晚期岭南地区建筑屋脊常用的装饰题材，即神话故事中八仙所持的法器，象征吉祥如意。

A．暗八仙　　　B．日月神　　　C．宝瓶　　　　D．如意纹

7．（　　）调是石湾仿钧窑釉色的主要色调，颜色里也带有白、红、紫等颜色。

A．褐色　　　　B．绿色　　　　C．白色　　　　D．蓝色

8．古龙窑依山势砌筑成直焰式筒形穿状隧道，一般长约（　　）米，分窑头、窑床、窑尾三部分，沿窑长方向两孔间距约为80～100厘米。

A．20～70　　　B．30～200　　　C．30～100　　　D．20～100

9．上好釉的陶塑，要在龙窑中煅烧，温度在（　　）之间，在低温阶段（600℃之前）升温要慢，防止坯胎开裂或出现滚釉现象。

A．1000～1100℃　　　　　　　　B．1200～1300℃

C．1300～1400℃　　　　　　　　D．1000～1500℃

10．（　　）是广钧釉窑变的一大奇美的艺术特征，是一种具有强烈特色的装饰手段，能给人带来美的感受，因此得到人们的喜爱。

A．冰花　　　　B．开片　　　　C．开裂　　　　D．落灰

二、填空题

1．岭南陶塑脊饰选用的一般是具有岭南地域特色的花果鸟兽题材，例如_____、_____、_____等花果，鳌鱼、鸭子、南方的独角狮子等。

2．屋脊上面所塑的祥瑞动物包括_____、_____、_____、_____、_____、_____、_____、_____、_____、_____等。

3．盆景陶塑，又称_____，即山水盆景中的公仔，是石湾独有的一种传统工艺，起源于_____，包括了_____、_____和器物等多种造型艺术，以手工雕刻为主，结合小石膏印模，大者有_____厘米左右，小者仅寸许，最细小者只有米粒般大。

4．石湾地区蕴藏丰富的_____和_____，这是制作艺术陶塑的主要原料。

三、简答题

1．石湾陶塑的特点是什么？陶塑的题材有哪些？

2．简述陶塑的制作工艺。

3．石湾陶塑釉色的特点是什么？

4．泥坯制作的方法有哪几种？

5．陶塑一般运用在传统建筑的哪些部分？

6．列举陶塑的三位传承人。

四、实操作业

制作 30 厘米×15 厘米×15 厘米的陶塑作品一件，平面塑造或立体塑造都可，要求以吉祥花卉为题材，釉色均匀，颜色搭配协调，造型塑造有层次感，有自己的创意。

第三章 砖 雕

1. 砖雕技艺课程设计思路

广府砖雕既是中华民族数千年砖雕艺术的一个重要支流，又是岭南地区传统的民间工艺品种，是非物质文化遗产的重要组成部分，因其雕工细腻如丝，被称为"挂线砖雕"。砖雕在粤中广府地区较多采用，主要出现在各地的祠堂、庙宇、民宅等建筑的墙头、墀头、照壁、神龛、檐下、门楣及窗檐等部位，作为建筑装饰。

培训依据"能力核心、系统培养"的指导思想，按照国家级民族文化传承与创新示范专业的要求，制定专业教学标准和课程标准，针对古建筑修缮工程和仿古建筑建造人才的培养，进行岭南传统建筑**砖雕技艺教学与实训课程**的设计。课程采用了任务驱动的教学模式，打造成**文化背景+任务实训**循序渐进的、寓教于乐的训练模式。由于砖雕需要有一定的雕刻功底，所以需要对学生进行雕刻工具的认知及基础雕刻指导。

2. 课程内容

砖雕文化背景	1	砖雕的历史发展
	2	砖雕的种类
	3	砖雕的题材及特色
	4	砖雕的建筑载体
砖雕任务实训	1	砖雕的工具
	2	砖雕的材料
	3	砖雕的制作工艺流程
	4	工程实训

3. 培训目的

使学习者通过文化背景与任务实训学习，具备砖雕的材料选择、打磨、设计图案画稿、粗雕、精雕和拼接的技术知识与技能，能够进行传统建筑砖雕部分的修缮与制作。学习岭南传统建筑技艺"砖雕"，践行工匠精神，感受深厚的中华传统优秀文化底蕴，弘扬和传播工匠精神，做到坚毅专注、精益求精。

4. 培训课程考核

培训考核成绩=理论成绩（30%）+实训室实操考核成绩（50%）+工地实操考核成绩（20%）。考核总成绩达到 60 分以上才能合格，并依据考核成绩高低设置优秀、优良、合格三个等级。

一、砖雕文化背景

课程内容	知识目标	能力目标	素质目标
1. 砖雕的历史发展	了解砖雕的历史发展	掌握砖雕的历史与发展	能够通过南北方砖雕的不同特色对比，全面了解岭南地区砖雕的历史发展
2. 砖雕的种类	了解砖雕的种类，能够清楚辨认	掌握砖雕的种类装饰与实用功能与作用	能够通过掌握砖雕的种类，在建筑上快速辨别砖雕的种类与特点
3. 砖雕的题材及特色	了解砖雕的题材、特点	熟练掌握砖雕的题材和工艺特点	能够轻松辨识砖雕的题材，并掌握砖雕的作用、特点
4. 砖雕的建筑载体	了解砖雕的建筑载体	掌握并识别砖雕的建筑载体	能够熟悉岭南建筑的各部分结构，清楚辨别砖雕在各部分使用的特点

（一）砖雕历史发展

1. 砖雕历史

在封建社会，对建筑有严格的等级限制，《宋史》记载，"六品以上宅舍，许做乌头门，凡民庶家，不得施重拱、藻井及五色文采为饰"，而砖雕却不在限制的范围之内。魏晋南北朝时期，除画像砖依旧盛行在陵墓中起装饰作用外，砖塔的兴起也给砖雕提供了更广阔的施展空间，塔基成为砖雕最集中的地方。唐朝时期，盛行花砖铺地，"纹样以宝相花、莲花、葡萄、忍冬为主工艺，上采取模压印花后再进行雕刻"，砖雕从此走向繁昌。

宋代，不仅出现全部砖砌的建筑，全雕凿的砖雕也出现了，以浮雕和半圆雕为主，同时还有包括地面斗八、宝瓶、龙凤、花卉、人物、壸门等若干规范做法，使砖雕有了建筑等级的象征意义。宋代以前砖雕随着砖构建筑的发展逐渐兴起，到了两宋时期有了长足的发展，在宋代《营造法式》中有关于砖雕的记载。

明代以前砖雕主要用于墓室装饰，明代砖雕作为民居建筑装饰进入了繁盛期，与广大人民生活产生密切接触，注入了更多的民间文化元素和内涵。明代中期，高级别的建筑装饰多被石雕和琉璃所取代，而砖雕造价低廉，就和普通百姓生活产生更为紧密的联系，具有浓厚的民间特征。这种富有民间质朴、率真特点的雕塑形式得到人们的喜爱。

砖雕技法在清代发展到了顶峰，砖雕技法趋于多样化，在厚不及寸、尺余见方的砖上雕出情节复杂、多层镂空的画面，景象从近到远、层次分明。这时砖雕在全国范围被普遍使用，并形成了南北不同的风格特征。北方砖雕以北京、天津、山西等地为代表，风格古拙、质朴、庄重、浑厚，砖雕不拘泥于细节的塑造，注重整个画面"势"的营造，讲究大的布局和格调，形体饱满、简洁，线条粗犷有力。南方砖雕以徽州和苏州地区为代表，特点是精巧、雅致、细腻，砖雕体现崇文尚雅的审美心理，画面布局考究，善于营造层次，形象刻画深入，线条流畅。岭南砖雕则吸收了南方砖雕的特色，取材于高质量建筑青砖，并且在材料和雕刻技法上更加细致讲究。

2. 岭南砖雕

广府砖雕既是中华民族数千年砖雕艺术的一个重要支流，又是岭南地区传统的民间工艺品种，是岭南非物质文化遗产的重要组成部分，因其雕工细腻如丝，被称为"挂线砖雕"。

　　广府地区在秦末汉初时期出现了带纹饰砖的使用，如南越王宫署遗址发掘的大型砖表面大都模印有菱形、四叶、方格和叶脉等几何图案，少数则压印有绳纹。1995 年，南越国宫署遗址的发掘现场，在"蕃"池堆积层上，发现一块长条形空心砖踏跺的侧面的残件，有模印的立体感很强的熊纹造型，并且在随后几年里的发掘中，又陆续出土了几件。在北京路南越王宫博物馆，展示了这几块广州最早的砖雕遗物，其线条粗犷有力，很有汉代雄风。出土的南越砖，胎质坚实，火候高，制作精工，多数压印花纹，有的表面有釉汗的滴斑，可知是入窑烧制的。在南越王宫的御苑内，也发现过熊的骨骼残痕，熊图案成了汉砖上的"明星"，可能在古代，将士们都希望自己能如熊一样勇猛有力（图 3-1）。

图 3-1　南越王宫遗址出土的熊图案

　　岭南的砖墓出现在东汉时期。东汉时期墓砖纹饰为简单的几何纹饰，如网格纹、菱格纹、方格纹等，起一定的装饰作用。这些纹饰有的是模印的，也有的是刻画的，至两晋南北朝时期，开始出现图样纹理，如叶脉纹、钱纹等，更具艺术效果，且含有文化寓意。如广州市淘金东路中星小学南朝墓、深圳市宝安南朝墓及广东揭阳南朝墓都出现饰有莲花纹的墓砖，反映了这一时期佛教文化在岭南地区的传播及影响。

　　隋唐南汉时期也有砖墓的出土，杂色砖开始减少，多为青灰砖及红砖两种且大量使用素砖，砖的生产技术进一步发展。唐代砖墓出现了水平较高的砖雕，如广东四会市南田水库唐墓中就发现十块生肖砖雕，分别对称竖立紧贴于两侧墓壁，上面的砖雕应是为一次性模制成形的，局部后有经过加工，其规格为：长 26.5～30 厘米，宽 13～15.5 厘米，厚 2～2.5 厘米，其中的丑牛砖雕与酉鸡砖雕的做工最为精细。

　　宋元时期用砖修缮或兴建新城，砖塔的建造在规模及技术水平上都远远优于唐代。广州宋城的城墙十分坚固。庆历年间，侬智高起兵，捣毁了不少城池，"独广州子城坚定，民逃于中获生者甚众"。为此，宋代朝廷"益重南顾，乃诏二广悉城"（《永乐大典·广州府》）。1972 年，在广州越华路西段，发现的广州宋代子城城墙遗址，此段为子城的西面城墙。城墙为夹心墙，两边用砖砌筑，中间以残砖和土填塞。遗址东西的砖墙残高为 1 米多，西南的砖墙残高为 0.6 米。城墙砖多呈青灰色，大小规格为 42 厘米×22 厘米×4 厘米。有的在砖的长身面印有"番禺县"三个字；也有少数在砖的陡板面刻有砖文"水军修城砖"及"水军广州修城砖"的戳印，可以推测为当时广州水军所烧造。

发展到明清，岭南砖雕在艺术上及技术上，都取得了较大的成就，且应用范围广泛。在粤中广府地区较多采用，主要出现在各地的祠堂、庙宇、民宅等建筑的墙头、墀头、照壁、神龛、檐下、门楣及窗檐等部位，作为建筑装饰（图3-2）。

图3-2　佛山三水胥江祖庙挂线砖雕

清代后期，随着现代建筑的兴起，砖雕艺术逐渐被现代雕塑工艺装饰所取代。至民国初期，砖雕装饰已较为罕见，砖雕这一传统工艺逐渐走向沉寂，目前，沙湾砖雕艺人寥寥无几。

（二）砖雕的种类

广府砖雕在技法上，最突出、最具特色的是有"挂线"之称的深雕手法，要把细节刻画到如丝的境界，需要极为深厚的雕刻功底，同时需要雕刻者具有极高的审美水准。砖雕可把物象雕刻成纤细程度如丝线一般的图案，且线条流畅自如、层次分明、富有立体感，如陈家祠入口墙楣上的6幅大型砖雕，里面人物众多，互相呼应，故事丰富，场景连贯。广府砖雕的种类主要包括：阴刻、浮雕、透雕、圆雕。

1. 阴刻

在雕刻行业中，将"凹线条"被称为"阴"线，而"凸线条"称为"阳"线。阴刻就是以是"凹线条"表现图案的雕刻手法。其一般将图案的线条刻成"V"形的阴文，而保留图案以外部分，绘图手法及效果都与绘画中的白描手法相似，有洗练、清晰、古雅之感。广府砖雕的阴刻手法主要用在大型砖雕作品的花边图案，以及照壁、字匾的题字篆刻等。

2. 浮雕

浮雕是雕刻中较为常见的一种手法，其雕刻的图案有凸出的线条及体块，立体或半立体的形象。浮雕可分为浅浮雕和深浮雕（图3-3、图3-4），浅浮雕的雕刻较浅，层次的交叉也少，常常以线面结合的方法，来增强画面的立体感；高浮雕的雕刻较深，且起刀的位置较高、较厚，其立体效果及空间性都比浅浮雕要强。

3. 透雕

透雕是将砖块的某些部位凿透、镂空，从而使图案的形象更加逼真。根据雕刻方向的不同，有横透和竖透两种。广府砖雕较多运用透雕的手法，如常见的砖雕漏窗及建筑的门面墀头的部位，图3-5为留耕堂的漏窗，装采用透雕的手法来对窗边图案进行雕刻，为漏窗增添了极富的观赏性。

图3-3　浅浮雕

图3-4　深浮雕

4. 圆雕

圆雕，又称立体雕，是将图案形象的全部或绝大部分都雕刻出来的一纵表现手法，使雕刻对象能够得到多方位、多角度的表现。广府砖雕中，常在大型砖雕作品的主体部分，以及屋脊上的脊兽雕刻等，用到圆雕的手法。图3-6是一组戏剧人物砖雕的局部，前面的人物几乎都是以圆雕的形式雕刻，层次丰富，人物造型饱满，表情生动，体现了砖雕技艺的精湛技法，也唯有"细心、耐心、沉心"才能在青砖上创作出如此有生命力的人物形象。

图3-5　留耕堂砖雕漏窗

图3-6　何世良工作室圆雕作品

（三）砖雕的题材及特点

1. 砖雕题材

广府砖雕的题材非常丰富，多表现世俗生活，代表了大众的审美理想，主要有人物题材、植物题材、动物题材和博古题材。

1）人物题材

人物题材有：神话故事、历史典故、古代戏文、风俗民情、民间传说等。人物题材的砖雕在建筑上一般用于门楼、门罩的额枋或挂板上，位置比较突出，是最能体现砖雕特色的重要组成部分。人物题材砖雕以借古喻今、追求吉祥如意，寄托了民间淳朴的生活理想。在人物题材中包含了"仁""义""礼""孝"等传统思想,具有深刻的教育意义,如砖雕《郭子仪拜寿》被民间作为崇敬、洪福、长寿的象征而普遍应用,传达的是晚辈对老者的敬意和孝道。如宝墨园墙壁砖雕作品"开封府断案"中(图 3-7),画面中人物分布在两层建筑中,姿态各异、形神兼备,通过一个故事,把众多人物组合在一起;另一幅宝墨园砖雕是"光明正大"(图 3-8),同样是断案,但是从不同角度去诠释,表明了私宅主人对自己和后人要求为官清廉公正。

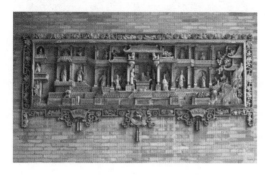 

图 3-7　宝墨园开封府人物砖雕　　　　　图 3-8　宝墨园"光明正大"人物砖雕

2)植物题材

花卉植物的图案中,以"四君子"的梅、兰、菊、竹最为常见,其他以折枝、缠枝、散花、丛花、荷花(图 3-9)及锦地叠花的形象等出现。岭南常见的水果蔬菜也是砖雕的偏爱题材,表现了浓郁的地方色彩,用各种瓜果蔬菜,如荔枝、菠萝、苦瓜和香蕉等来表达人们对五谷丰登、生活富足的美好向往。如图 3-10 中枝蔓上结着满满的南瓜,象征子孙昌盛。

图 3-9　荷花砖雕(何世良工作室)　　　　　图 3-10　瓜瓞绵绵(陈家祠)

3)动物题材

动物题材以瑞兽为主,以谐音"福禄寿喜""连年有余"等民间吉祥俗语有关的动物居多,常用的动物有狮子、鱼、雁、鹅、犬、兔、蝙蝠、麒麟、松鼠等题材(图 3-11)。

鸟类题材常与花卉植物组合成具有吉祥寓意的词汇(图 3-12)。例如寓意"子孙繁茂"的石榴、丹桂、葡萄组合;表示"多福多寿"的佛手与仙桃组合;意喻"喜上眉梢"的喜鹊与梅花组合;意头为"升官发财,飞黄腾达"的大小狮子雕刻图案。

图 3-11 佛山祖庙麒麟砖雕

图 3-12 砖雕喜鹊报春纹（余荫山房）

4）博古题材

博古题材是一类在砖雕中经常出现的题材，寓意子孙后代能通晓古今、学习勤奋、学有所成（图 3-13）。

图 3-13 蝙蝠博古砖雕（余荫山房）

2．砖雕特色

广府砖雕的材质使用建筑小青砖，只是岭南砖雕的一大特色。江南地区和北方砖雕的用材多为定制，尺寸不统一，砖块较大，相比之下岭南砖雕的材料使用传统建筑砌墙的青砖，与建筑完全融为一体，砖块小，所以更需要精心打磨和拼装。

广府砖雕工艺精致细腻，雕刻手法多以阴刻、浮雕、透雕和圆雕穿插进行。挂线砖雕对雕刻技艺要求高，纤细如丝的线条错综交叉，一旦刻断便难以补救，雕成的花卉枝叶繁茂，形如锦绣，戏曲人物衣甲清晰，雕镂得精细如丝。江南地区的砖块头比较大，人物形象比较粗犷、浑厚，表现张扬，一般一块砖上雕刻一个故事，广东挂线砖雕显出纤巧、玲珑的特点，一组砖雕多则上百人，犹如一场戏剧表演。

（四）砖雕的主要建筑载体

砖雕主要位于牌坊、屋脊、门楼、照壁、墙面、墀头、檐口、神龛、门楣和巷门匾额。

1. 牌坊砖雕

牌坊，汉族特色建筑文化之一，是封建社会为表彰功勋、科第、德政及忠孝节义所立的建筑物；也有一些宫观寺庙以牌坊作为山门，还有用作标明地名。牌坊也是祠堂的附属建筑物，昭示家族先人的高尚美德和丰功伟绩，兼有祭祖的功能。佛山的"褒宠牌坊"建于明正德十六年（1521年），是广东省内罕见的明代砖雕牌坊。牌坊的砖雕包括砖斗拱、砖额枋等构件，明间和次间的额枋雕刻精细，多块砖雕组成罗汉人物图案、"双龙戏珠"图案，单块透雕雕刻云、龙、麒麟、牡丹花草、鱼、鼎、剑、鸭、莲花等图案，刀法粗狂、简练而纯熟。佛山祖庙褒宠牌坊用了四层砖雕仿木小斗拱，来建立牌坊的门楼，而每一个凹下去的部分都刻有不同纹样和寓意的砖雕图案，整个牌坊门楼都在突出砖雕工艺，细节丰富，叹为观止（图3-14、图3-15）。

图3-14　佛山祖庙褒宠牌坊　　　　　　　　图3-15　佛山祖庙褒宠牌坊细部

2. 屋脊砖雕

屋脊是砖雕装饰比较集中的地方，一般选用吉祥花卉、博古等传统纹样做成满脊通饰，然后再安装不同寓意的砖雕脊兽。脊兽，根据所处的位置又有正吻、垂脊吻、蹲脊吻、合角吻、角戗兽、套兽等多种形式。在高级别建筑的屋顶，正脊两端安放有正吻，垂脊下部端头安放有垂兽。屋脊上的砖雕脊兽种类繁多、千姿百态、生动活泼，格外引人注目。

3. 门楼砖雕

门楼是整个建筑脸面，自古就有"宅以门户为冠带"之说，这足以说明大门具有形象展示的作用。因此对于门面的装饰，稍有讲究者，都会对门楼极力装点、突出个性，尽显华美与尊贵。在砖雕流行地区许多建筑的门楼上，都装饰了仿木结构的砖雕斗拱。

斗拱砖雕。斗拱本是承重部件，处于柱顶、额枋、屋顶之间，是立柱与梁架的结合点，但砖雕斗拱已经没有了承重功能，其装饰功能已经远远超出了实用功能，并且此处构件常雕刻有龙头、凤首、象鼻等形象，使门楼更显华丽、壮观，富有气势。

4. 照壁砖雕

影壁一般为独立的单体短墙，或处在院落之外，与大门相对；或隐于院内，作为入口的屏障，也有借山墙或院墙构筑的随墙影壁，其地位与大门一样重要。影壁既起到了使院内的风景处于天然玄关的隐蔽效果，也是来往行人的视线最为集中的地方，所以对影壁的装饰也尤为重视。影壁可以增强整个建筑院落的空间层次，具有很强的装饰作用，同时也极富形式美感。影壁砖雕纹饰题材广泛，有吉祥花卉、祥禽瑞兽、门神等图案，也有福、禄、寿、喜等吉祥文字。砖雕影壁纹饰烘托了宅内的气氛，提升了建筑的整体气势（图3-16）。

图 3-16 慕堂苏公祠照壁砖雕

广府地区的照壁砖雕规模最大的为佛山金楼的慕堂苏公祠（1900 年）的照壁。照壁上的砖雕共五组，为南海砖雕名匠梁氏兄弟的代表作。梁氏兄弟为广州陈家祠的雕砖作者之一，雕饰的主题有"孙儿耍乐""春魁及第""五子登科""麟雄拱日""九狮全图""三阳启泰""雄麟夺锦""龙马精神""福禄全寿""二品高冠"等，均以动物为表征的吉祥题材。

5. 墙面砖雕

为了避免墙壁的单调，人们用各种方法对墙壁进行装饰，砖雕是常见的手法之一。根据墙所处位置的不同，可以把墙壁细分为山墙、廊心墙、檐墙、槛墙、扇面墙、院墙等，特别是在院内墙体的漏窗上，砖雕装饰不厌繁复，内容丰富多彩，为整个院落增添了别样的情趣。

墙面砖雕位于建筑的外墙上方，主要起到教化和装饰作用，墙面雕刻技法以浮雕为主。广州陈氏书院外墙上有六幅大型砖雕最有代表性，砖雕的题材均取材于历史典故和吉祥花鸟兽图案。

漏花窗俗称为花窗、花墙洞、花墙头，一般用青砖，尺寸、形状、规格多样，花窗砖雕图案一般是由若干块青砖粘合而成的一组几何形图案的排比、组合。珠三角祠堂建筑的花窗大多为透空，在更便于祠堂在通风采光的同时又增加墙面的装饰作用。漏窗结合边框在墙面犹如一幅立体图画，小中见大，引人入胜。边框是清水磨砖的砖圈，形状有方、圆、六角、八角、扇形等多种。窗心砖雕图案丰富，包括几何形态、自然形态及具有文化意义的题材等（图 3-17、图 3-18）。

图 3-17 余荫山房漏窗砖雕局部

图 3-18 余荫山房漏窗砖雕局部纹样细节

6. 墀头砖雕

墀头砖雕一般分为上、中、下三个部分，墀头顶砖雕常用仿木结构的砖斗拱；墀头身的砖雕用砖线条框限，砖雕题材常用历史典故，多表现人物、吉祥植物、动物题材；墀头身与墀头顶、墀头座砖雕之间均用浅浮雕构成过渡层，为了突出砖雕的立体感，便于远观，墀头砖雕人物的五官都比一般岭南人的五官深刻，表现为高鼻梁和深邃的眼窝。墀头砖雕除了用于祠堂建筑，也用于民居建筑，但在民居入口的墀头砖雕比祠堂墀头砖雕简单得多（图3-19）。

7. 檐口砖雕

檐口砖雕承托屋檐，具有承重及装饰的作用，结构与艺术和谐统一。叠涩出跳的砖块被雕饰成花边，图案有方齿饰、花瓣、圆柱体、铜币，比较宽的饰带则用瓜果装饰。为了减少砖块的生硬感，出跳砖体的断面被磨成圆弧形。弧形断面的线性砖雕及方齿饰是近代才出现的新形式，很可能受到西方装饰图案的影响。

8. 神龛砖雕

神龛一般位于第一进入口大厅的墙上，附属于承重墙体，装饰的主题多为"福禄寿"的吉祥图案，由若干块青砖雕刻拼贴而成（图3-20）。

图3-19　陈家祠山墙墀头人物砖雕　　　　　　　图3-20　余荫山房的砖雕神龛

9. 门楣砖雕

门楣砖雕附属于悬挑的砖块上，砖块承载上方的屋檐。民居也有用砖雕来装饰门头，如（图3-21）佛山清晖园中的砖雕门楼，做了仿祠堂大门的建筑墀头，上面雕刻了象征富贵的繁花。

图3-21　清晖园某建筑门楼砖雕

10．巷门匾额

祠堂巷门指的是主体建筑与衬祠之间常有的青云巷巷首之门，在巷门的匾额周边或匾额上方，墙体也经常会有砖雕工艺的出现。匾额一般用石材，上面雕刻"履仁、踏义"等，砖雕艺术与建筑的结合源于用砖雕模仿木构建筑的构件。

二、砖雕任务实操

实操内容	知识目标	能力目标	素质目标
1．砖雕的工具	了解砖雕的基本制作工具	掌握砖雕基本工具的使用方法	能够灵活进行工具搭配
2．砖雕的材料	了解砖雕的原材料和制作工艺	掌握砖雕原材料的制作工艺	能够掌握砖雕原材料的性能
3．砖雕的制作工艺流程	了解砖雕的制作工艺	掌握砖雕的制作工艺，清楚了解工艺的制作步骤	能够进行基本的砖雕材料制作，通过制作工艺，进行基本的制作，并掌握砖雕修缮程序
4．工程训练	观摩现场砖雕的工艺操作	动手在现场进行实操	能够满足砖雕的现场制作要求与规范

（一）砖雕的工具

砖雕的主要雕刻工具有凿、刨、锯、铲、钻、捶、锯等。因砖的材质硬度界于木料与石料之间，但比木料脆，易碎易裂，故刃口一定要坚硬，所以砖雕工具的刃口用的是乌钢。

砖雕的工具主要有以下这些。

（1）铅笔、毛笔、墨汁、砚台，皆用于草图的起稿绘制。

（2）纸：一般为普通白纸，用于设计雕刻稿。

（3）凿子（刻刀）：用于雕刻砖料的刀具（图3-22）。因刀锋角度不同，有锐、钝之分；而根据制作的不同需要，由大到小有多种规格。

（4）刨、锯、铲、钻及砖雕安装工具（图3-23）。

图3-22　凿子（何世良工作室）

图3-23　古代砖雕平整、丈量、磨钻、
雕刻、敲打常用工具

（5）木锤或铁锤：用于雕刻时敲打凿子（图3-24）。

（6）砂纸或砂轮：用于打磨砖料（图3-25）。

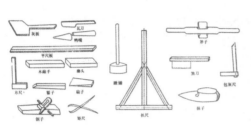

图 3-24　古代砖雕安装施工常用工具　　　　　　图 3-25　砂纸

（摘自《中国古建筑瓦石营造》）

（7）毛刷：用于清理操作中产生的砖末（图 3-26）。

（8）尺子：用于度量各种尺寸（图 3-27）。

图 3-26　毛刷　　　　　　　　　　　　图 3-27　活尺

（二）砖雕的材料

　　砖雕的材料为青砖，从原料的选取到全部工序完成要经过选土、制泥、制模、脱坯、凉坯、入窑、看火、上水和出窑 9 道工序、30 多个环节。

　　制青砖的原料来自塘泥、海泥、田泥、池泥或山泥。挖掘来的泥土泡在池子里，一天一夜后放水，让牛踩踏，直至将泥土踩踏均匀，之后加入适量的水和泥，倒入木质的模块中晾干，等彻底风干后，成型的泥块放入砖窑烧制。砖窑设有排气烟囱，窑上有许多可开合的洞口，可通过洞口向窑内注水。火候、烧制的时间长短、用水量的多少和用水时间的掌握、铁元素还原时间等因素都决定了出窑后砖的质地。砖质地太硬，不易行刀；太软，砖体易断裂。烧砖时一般不用大火，初点窑用的是小火，行话称其为热窑。热窑一天后转为中火，一般烧一窑砖的时间是三天三夜。在冷却过程中，砖坯中的铁元素被氧化成二氧化三铁（Fe_2O_3），由于 Fe_2O_3 是红色的，砖就显露出红色。如果在砖坯被烧透之后，往窑子的小洞口里加水，由于窑内的水蒸气阻止空气的流通，砖中的 Fe_2O_3 便被还原成氧化亚铁（FeO），由于 FeO 是青灰色，因而砖就会呈青灰色。青砖的硬度小于红砖，不易风化，而且质地细腻，制作程序复杂，因此青砖的价格比红砖贵。

　　砖雕一般首选青砖（图 3-28），因为它硬度适中便于雕刻。成砖上水后，打开窑门和窑顶散热冷却两天两夜后出窑。沙湾的省级砖雕传承人何世良先生把青砖分为三种尺寸，长度大于 28 厘米的为大青砖，25～28 厘米的为中型青砖，23～24 厘米的为小型青砖。

砖雕材质需要具备细致、硬度高、色泽一致、砂眼少的特点。经验丰富的工匠通过敲击青砖的声音，判断砖质，如果声音太脆，就容易刻过、刻"崩"，声音太沉闷入刀便碎。同时图案越复杂、镂空层次越多对砖的选料要求就越高，如东莞的青砖中上乘的绿豆青（拣青），就为绝佳的雕刻砖料（图 3-29）。

图 3-28　青砖图　　　　　　　　　　　　　图 3-29　青砖

（三）砖雕的制作工艺流程

广府砖雕按其规模可以分为：在单块砖上进行的独件砖雕，由若干块联合完成的组合砖雕。组合砖雕一般用于墙壁、照壁等较大幅度的装饰，需数十块、甚至数百块砖，雕刻组合镶嵌而成。而独件砖雕，常镶嵌于神龛边框、楣饰等处，一般单独成幅。组合砖雕制作的工序比较复杂，可分为以下几个步骤。

1. 构思

确定尺寸，画好样图。画稿有的是请当地名画家、名书家提前画好样稿，工匠们负责打样，有的是由砖雕匠人与主人沟通后，进行图案设计，然后画稿，所以砖雕匠人不只会雕凿，还需要懂绘画和构图方式，甚至需要很强的画面空间感（图 3-30）。落稿是将画稿拓印在砖面上，即在画纸上用缝衣针顺着线条穿孔后（约 1 毫米一个针孔）平铺于砖面，用装着黑色画粉的粉包顺着针孔轻轻拍压画稿；做法为用笔在砖块上，画出所要雕刻的图案，但有些地方由于层次丰富，在雕刻的过程中有可能会被雕去，不能一次性全部画出，往往会采取随画随雕，边雕边画的方法。

2. 修砖

青砖表面有一定的凹凸，需要进行打磨、找平，尤其是从建筑上拆下来的青砖，更需要先进行修整，再来雕刻，达到表面平四周直（图 3-31）。

3. 上样

创作所需图案勾画到砖坯上，砖雕作品主要靠雕凿工艺来表现透视感，每雕凿一个层次放样一次，随着工序的推进再逐步完成。这样多次放样，能有效避免众多线条在雕凿中被无意凿掉而导致的重复描绘。在砖面上刷一层白浆，再将图案稿平贴在上面（图 3-32）。

图 3-30　画稿

图 3-31　修砖（何世良工作室）

4. 凿线刻样

将已挑选好的青砖，打磨成坯，用最小的凿子沿画笔的笔迹细浅地在砖坯上刻一遍，将图案的基本轮廓、层次表现出来，使图案形象定位，并标号每一部位的青砖（图 3-33），由多块青砖拼起来，若不提前标号或者标注错误，那雕刻出来的图案就很难拼接的上。凿线，古代也称这为"耕"，即用工具沿着画出的笔迹浅细地凿出沟来，这就叫作"耕"。每画一次就耕一次，直到最后阶段雕刻完毕，当然在不影响操作的前提下也可以不耕。

图 3-32　上样（何世良工作室）

图 3-33　凿线（何世良工作室）

5. 开坯

根据图案纹样用小凿在砖上描刻轮廓然后揭去样稿，钉窟窿。根据耕出或凿出的阴线，凿去画面以外的部分就叫作"钉窟窿"。这一工艺最大的意义是可以决定雕砖作品的最底层深度，清楚地分出图案中的各个层次和每个层次中具体图像的外部轮廓（图 3-34）。

图 3-34　开坯（何世良工作室）

6. 打坯

打坯就是用刀、凿在砖上刻画出画面构图，景物轮廓、层次，确定景物具体部位，区分前、中、远三层景致，这道工序需要有经验的师傅来完成，非常讲究刀路、刀法的技巧。先凿出四周线脚，然后进行主纹的雕凿，再凿底纹，这一步完成大体轮廓及高低层次（图3-35）。

图3-35 打坯（何世良工作室）

7. 出细

出细或称刊光，即进一步精细雕琢，细部镂空。用锯、刻、凿，磨等多种工艺方法，进行精细的刻画图案，力求尽善尽美。

8. 修补

对因微小雕刻失误或砖内砂子、孔眼所引起的雕面残损，可用猪血调砖灰进行修补。用糙石磨细雕凿极粗的地方，如发现砖质有砂眼，干后再磨光。

9. 整体收拾

用砂纸将图案内外粗糙之处磨细，以及将残缺或砂眼之处找平，再用水将残留在作品里面的砖灰清洗干净。

10. 接拼、安装

最后将雕刻完成的各砖雕部件用粘接、嵌砌、勾挂等方式，安装到预设的建筑装饰部位，完成组合砖雕的制作，此步需要在建筑工地现场完成。工艺程序完成之后在砖的外表面刷一层桐油，起到保护砖体、防止风化的作用。

（四）工程训练

在工地进行实操，需要提前为学生宣讲工地安全注意事项与安全操作法规，学生需佩戴安全帽，分组进入工地，有序地跟从教师和工匠进行学习。

工地实操课程安排		
课程内容	课时	任务
1. 工地熟悉与安全讲解	1	了解工地砖雕制作的安全知识与操作方法
2. 老师示范	2	示范工地制作、安装砖雕的步骤与方法要领
3. 屋顶、墙面砖雕制作实操	5	进行屋顶、墙面的砖雕制作
4. 砖雕安装	2	辅助工匠进行砖雕的上墙安装

三、砖雕的传承与发扬

（一）砖雕的传承现状

民国时期，砖雕工艺仍然是传统建筑装饰的重要组成部分，但新型民间建筑，例如骑楼商住楼、小洋房，传统砖雕的表现形式已经渐渐消失，主要原因是建筑结构的变化带来的影响，人们的审美观不再停留在旧的形式。新型建筑结构和混凝土墙体材料的运用，决定了砖雕在新型民间建筑中失去了发展空间。砖雕从功能性的装饰转变为非功能性的装饰，继而退出历史舞台。

改革开放以来随着古典建筑园林、寺院、庙宇、名宅故居等修复重建工程的需要，砖雕又迎来一个新的发展机遇，各地先后涌现出新一代的民间砖雕艺术家。然而，砖雕艺术也面临着人才断层，后继乏人的困境。由于砖雕工艺复杂、成本高，经济效益低，学习这门技艺的手艺人越来越少，这项传统建筑技艺正濒临失传，现状堪忧。

目前有陶艺家试图通过烧制陶瓷的方法创作仿砖雕艺术作品，方法有点类似砖雕的"印模烧塑"，在泥坯上雕塑成型后用窑炉焙烧，不上釉色，保持泥坯的本色，艺术效果相当不错，与砖雕也十分相似。但由于其烧制过程存在变形和流程的差异，无法体现砖雕的"现刀实刻，明快利落"的效果。仿砖雕不失为陶瓷艺术形式的一种新的尝试，但实际上是无法取代历史悠久、工艺独特的砖雕艺术的。

石湾的何世良师傅，在过硬的木雕技艺基础上，融多家砖雕技艺于一身，自学研究，将砖雕这项传统技艺保存了下来，他也成为石湾砖雕的唯一继承人。

（二）传承人介绍

何世良，生于 1970 年 2 月，出生在"中国民间艺术之乡"广州番禺沙湾镇，省级非物遗项目砖雕传承人，广东首届传统建筑名匠。他天生是一个痴迷于雕砖、木雕世界的奇才，沙湾的砖雕在明代已盛行，是岭南水乡民间建筑一大特色，影响至东南亚各地。明代沙湾砖雕的风格是造型概括简练、落刀利索，清代乾隆时，沙湾砖雕的洋雕风格（挂线砖雕）已出现，至清末更成熟，其特色在于富有色彩效果，如深凹线花纹、浅凹线袖纹、深凹线须纹等能衬托出深浅的色彩。何世良自小喜欢画画，喜看古建筑中的工艺，经常为了看镶在祠堂、庙宇、民宅的墙头、墀头、照壁、檐下、门楣、窗额等处的砖雕和木雕而"忘食"。1986 年初中毕业后进入木雕厂当学徒，师从木雕大师胡枝，学习广式家具雕刻和设计，通过师傅胡枝掌握了传统雕刻的基本技术。后广泛考察和搜集珠三角、江南、北方等地的砖雕作品，进行临摹和研究，融各家之长。以宝墨园镇园之宝巨型砖雕彩壁《吐艳和鸣壁》成名，东莞粤晖园砖雕《百蝠晖春》壁照高 11.109 米，长 50.845 米，宽 5.371 米，由 160 万块老青砖雕刻而成，打破了其《吐艳和鸣壁》之前保持的纪录，被上海大世界吉尼斯总部评为中国最大的砖雕，列入吉尼斯大全。

何世良常常背着一部相机，到处找老房子，学习古建筑上的砖雕，发现有特色的砖雕就拍下来，带回家慢慢研究。在砖雕这一传统技艺复兴之路上，何世良起了举足轻重的作用。他建立了砖雕工作室，毫无保留地把砖雕技艺传授给弟子，经他手把手带出来的弟子就有上百个，这些弟子许多都已成才，活跃在砖雕界。为了让更多人认识和喜爱砖雕，他经常外出做砖雕艺术的演讲，并计划把多年来保存的有关资料及本人的部分作品辑录成书，为砖雕事业的发展贡献力量。对于未来，何世良的愿望首先是巩固传统岭南砖雕技艺，把砖雕技艺继续传承下去；还有就是将传统与现代结合，创作出更多有个人风格的砖雕新作品。

（三）砖雕的发展

由于现代建筑结构的变化，砖雕已经逐渐远离了我们的生活，但是传统工艺可以有更多新的载体和延伸。例如番禺儿童公园用砖雕打造的一面卡通动物墙，既体现出番禺沙湾的特色，又将传统手工艺与现代建筑结合起来，深受大家的喜爱。

将砖雕应用于现代、仿古或新中式室内外装饰中是一种比较好的尝试。现代人们开始崇尚绿色自然、低碳环保的人居环境，追求古朴、典雅、返璞归真等艺术风格。砖雕这一传统工艺，题材自然，寓意丰富，纯手工技法透露着古风雅韵，在现代家居装饰市场上具有非常大的竞争力。

机场、火车站的候车室、地铁过道等一些大型的公共场所，以及文化性主题较强的酒店、宾馆、会所等室内装修，可以是砖雕技艺发展的载体。砖雕可以作为现代公共建筑、室内装饰的一部分，展现其文化性和装饰性的特点。

砖雕艺术应用于现代工艺品、礼品也是一种时尚。随着喜爱中国传统民间艺术的消费者日益增多，砖雕艺术作为现代装饰品也将焕发出崭新的生命力。何世良工作室研发出一些便于携带、装饰艺术性极强的砖雕摆件，深受砖雕爱好者和工艺品收藏者的喜爱，使得砖雕艺术品不再那么"曲高和寡"，它不仅可以被观赏，也可以便于携带，作为具有吉祥寓意和具有高艺术品位的工艺礼品。

砖雕的传承，在取材上要更加广泛，体现出时代的节奏感，在汲取现代与外来文化元素营养的同时，要永远植根于民族传统工艺，融入现代生活，不断创作出让更多的现代人接受和喜爱的砖雕精品。

课后练习题目

一、选择题

1．砖雕技法在（　　）发展到了顶峰，砖雕技法趋于多样化，在厚不及寸、尺余见方的砖上雕出情节复杂、多层镂空的画面，景象从近到远、层次分明。

　　A．明代　　　　　　B．汉代　　　　　　C．五代　　　　　　D．清代

2．岭南砖雕则吸收了南方砖雕的特色，取材于高质量建筑（　　），并且在材料和雕刻技法上更加细致讲究。

　　A．花砖　　　　　　B．陶砖　　　　　　C．青砖　　　　　　D．红砖

3．广府砖雕既是中华民族数千年砖雕艺术的一个重要支流，又是岭南地区传统的民间工艺品种，是岭南非物质文化遗产的重要组成部分，因其雕工细腻如丝，被称为（　　）。

　　A．精微砖雕　　　B．挂丝砖雕　　　　C．丝线砖雕　　　D．挂线砖雕

4．广府地区的照壁砖雕规模最大的为佛山金楼的（　　）（1900 年）的照壁。

　　A．陈家祠照壁　　　　　　　　　　　B．陈氏大祠堂

　　C．资政大夫祠照壁　　　　　　　　　D．慕堂苏公祠

5．青砖从原料的选取到全部工序完成要经过选土、制泥、制模、脱坯、凉坯、入窑、看火、上水和出窑（　　　）工序，30 多个环节。

　　A．5 道　　　　　　　B．9 道　　　　　　　C．7 道　　　　　　　D．12 道

6．砖雕中，根据耕出或凿出的阴线，凿去画面以外的部分就叫作（　　　）。

　　A．钉窟窿　　　　　B．剔线　　　　　　　C．凿边　　　　　　　D．剔料

7．砖雕可把物像雕刻成纤细程度如丝线一般的图案，且线条流畅自如、层次分明、富有立体感，如（　　　）入口墙楣上的 6 幅大型砖雕，里面人物众多，互相呼应，故事丰富，场景连贯。

　　A．梁园　　　　　　B．余荫山房　　　　C．佛山祖庙　　　　D．陈家祠

8．广东省级砖雕非物遗项目砖雕传承人是（　　　），并且是大国工匠。

　　A．何世良　　　　　B．何湛泉　　　　　C．林进和　　　　　D．卢之高

9．东莞粤晖园砖雕（　　　）壁照高 11.109 米，长 50.845 米，宽 5.371 米，由 160 万块老青砖雕刻而成，被上海大世界吉尼斯总部评为中国最大的砖雕，列入吉尼斯大全。

　　A．《国色天香》　　　　　　　　　　　B．《百蝠晖春》

　　C．《吐艳和鸣壁》　　　　　　　　　　D．《百鸟齐鸣》

10．烧窑在冷却过程中，砖坯中的（　　　）元素被氧化成三氧化二铁（Fe_2O_3），由于三氧化二铁（Fe_2O_3）是红色的，砖就显露出红色。

　　A．锰　　　　　　　B．锌　　　　　　　C．铁　　　　　　　D．钙

二、填空题

1．砖雕主要在粤中广府地区较多采用，出现于各地的＿＿＿＿＿、＿＿＿＿＿、＿＿＿＿＿、祠堂、庙宇、民宅等建筑的＿＿＿＿＿、＿＿＿＿＿、＿＿＿＿＿、＿＿＿＿＿、＿＿＿＿＿及窗檐等部位，作为建筑装饰。

2．人物砖雕题材有：＿＿＿＿＿、＿＿＿＿＿、＿＿＿＿＿、＿＿＿＿＿、民间传说等。

3．砖雕花卉植物的图案中，以"四君子"的＿＿＿＿＿、＿＿＿＿＿、＿＿＿＿＿、＿＿＿＿＿最为常见，其他以＿＿＿＿＿、＿＿＿＿＿、＿＿＿＿＿、＿＿＿＿＿及锦地叠花的形象等出现。

4．广府砖雕工艺精致细腻，雕刻手法多以＿＿＿＿＿、＿＿＿＿＿、＿＿＿＿＿、＿＿＿＿＿穿插进行。

5．漏花窗俗称为＿＿＿＿＿、花墙洞、花墙头，一般用青砖，＿＿＿＿＿、＿＿＿＿＿多样，花窗砖雕图案一般是由若干块青砖粘合而成的一组几何形图案的排比、组合。

三、简答题

1．岭南地区砖雕的题材有哪些？

2．岭南地区的砖雕为什么被叫作"挂线砖雕"？

3．挂线砖雕最好选择哪种材质的砖？

4．概括砖雕的制作工艺流程。

5．砖雕的制作技法有哪几种？

6．砖雕主要运用在建筑的哪些载体部分？

7．砖雕的传承人代表及其代表作品有哪些？

四、实操作业

制作 20 厘米×10 厘米×15 厘米的砖雕作品一件，以平面深浅浮雕方式结合，要求以福鱼为题材，设计要求造型丰满，雕刻形象生动，细节雕刻到位。

第四章　木　　雕

1. 木雕技艺课程设计思路

木雕在岭南传统建筑营造与装饰中占据重要地位。木雕载体多种多样，但凡木构件，大抵都有雕刻，而且形式多样，内容丰富。在发展过程中形成了以广式家具、建筑木雕为代表的广府地区木雕，以及以金漆木雕为代表的潮州木雕的两大种类。

培训依据"能力核心、系统培养"的指导思想，按照国家级民族文化传承与创新示范专业的要求，制定专业教学标准和课程标准，针对古建筑修缮工程和仿古建筑建造人才的培养，进行岭南传统建筑**木雕技艺教学与实训课程（项目）的设计**。课程采用了任务驱动的教学模式，打造成**文化背景+任务实训**的循序渐进的、寓教于乐的培训模式。木雕是一门需要时间磨炼与经验积累的技艺，所以对技艺的坚持与实践非常重要，对于一个入门级的工匠来说，至少需要一年实践的不断训练，所以为学习者提供能够进行反复长时间的练习条件非常重要。

2. 课程内容

木雕文化背景	1	木雕的历史发展
	2	木雕的种类
	3	木雕的题材及特色
	4	木雕的建筑载体
木雕任务实训	1	木雕的工具
	2	木雕的材料
	3	木雕的制作流程
	4	工程训练

3. 训练目标

使学习者通过文化背景与任务实训学习，具备木雕的图案设计、粗雕、精雕、打磨、上金漆等技能，能够进行传统建筑木雕部分的修缮与制作。学习岭南传统建筑技艺"木雕"，践行工匠精神，感受深厚的中华传统优秀文化底蕴，弘扬和传播工匠精神，做到坚毅专注、精益求精。

4. 课程考核

培训考核成绩=理论成绩（30%）+实训室实操考核成绩（50%）+工地实操考核成绩（20%）。考核总成绩达到 60 分以上合格，并依据考核成绩高低设置优秀、优良、合格三个等级。

一、木雕文化背景

课程内容	知识目标	能力目标	素质目标
1. 木雕的历史发展	了解木雕的历史发展	掌握木雕的历史脉络	能够通过联系岭南地区的人文历史，全面了解木雕的历史发展
2. 木雕的种类与作用	了解木雕的装饰与实用功能和作用	掌握木雕的物理性能，进行微气候改造	能够利用木雕在传统建筑中的作用，进行研究与利用
3. 木雕的题材及特色	了解木雕的题材、特点	熟练掌握木雕的题材和工艺特点	能够轻松辨识木雕的题材，并掌握木雕的作用、特点
4. 木雕的建筑载体	了解木雕的建筑载体	掌握并识别木雕的建筑载体	能够熟悉岭南建筑的各部分结构，清楚辨别木雕在各部分使用的特点

（一）岭南木雕历史发展

1. 木雕历史

木雕艺术起源于新石器时期的中国，距今七千多年前的浙江余姚河姆渡遗址，曾出土一件长 11 厘米的木雕鱼，这是我国已发现最早的木雕作品。在夏商遗址中出土大量木雕遗物，留存有饕餮纹、虎纹、龙纹、回纹等纹饰。商周至春秋时期，许多工匠摆脱奴隶枷锁成为相对自由的雕刻工匠，鲁班就是这时期的杰出代表，被后世木雕艺人称为祖师爷。战国、秦汉时期则发现大量木俑随葬。南北朝时期，北方大肆开凿石窟，南方大兴寺庙，宗教木雕开始盛行。唐代，木雕艺术开始写实，题材也日趋广泛，有人物、佛像、花鸟、动物等。宋代木雕日趋成熟，技艺精湛并广泛运用于建筑与装饰。明清时期雕刻题材丰富，物像造型简练，神态生动逼真，刀法明快有力，具有较高的艺术水平，小型观赏性木雕、实用器物、装饰木雕、玩赏性陈设木雕发展迅速，并广泛应用于皇家建筑与民间建筑中。在中国建筑史上出现了众多不同的木雕风格与流派，其中最著名的是：浙江东阳木雕、广东金漆木雕、温州黄杨木雕、福建龙眼木雕，俗称"四大名雕"。

岭南地区木雕历史悠久，伴随着古代木结构建筑、木质家具、室内陈设和装饰品的发展和完善，木雕艺术技艺日趋成熟，日臻完美，是中国木雕艺术历史上的顶峰时期。岭南木雕兴起于明代，清代中叶至民国初期最为兴盛，是岭南地区的商品经济发达和手工业持续发展的产物。岭南木雕具有鲜明的地方特色，以饱满繁复、精巧细腻、玲珑剔透、金碧辉煌的艺术风格而著称于世。美轮美奂、造型各异的器物品类，生活气息浓郁、民俗意蕴深厚的题材纹饰，惟妙惟肖、纤毫毕现的雕刻工艺，豪华富丽、流光溢彩的漆金技法，无不形象地展示着岭南人的审美情怀和文化风貌，具有独特的魅力和迷人的风采。

2. 岭南木雕的两大区域

1）广府地区木雕

广府地区木雕以广州、南海、番禺、三水等地为代表。清光绪年间（1875—1908），广州、佛山、三水木雕有"三友堂"作坊，颇具名气。所谓三友者乃许、赵、何三位木雕师傅合伙经营，故称"三友堂"。后三人分业各在一地继续重操木雕制作，广州以"许三友"，佛山以"何三友"，三水以"赵三友"，或"广州三友""佛山三友""西南三友"称谓，是清末广式木雕杰出代表之一。

广府地区木雕主要包含广州城区以及广州附近区域（包括中山红木家具）的木雕艺术。广州红木雕刻工艺产品，历史久远，其造型古朴典雅，雕工细腻精美，造型流畅，打磨光洁，油漆明亮，以中式客厅、厅堂、楼面陈设的红木家具（粤俗称酸枝家私）为大件产品，此外还有宫灯、雕刻樟木箱、红木小件等，是实用功能和艺术功能并重的高端工艺产品，而且是传统的出口产品。其中宫灯又称宫廷花灯，是中国彩灯中富有特色的汉民族传统手工艺品之一，正统宫灯的形式多样，有八角、六角、四角形的，各面画屏图案内容多为龙凤呈祥、福寿延年、吉祥如意等。

2）潮州地区木雕

潮州木雕大多饰金涂漆，也称"金漆木雕"。在广东东部的潮安、饶平、揭阳、澄海、南澳、潮阳、普宁、海丰、惠来、陆丰、兴宁、大埔，以及毗邻粤东的闽南云霄、诏安、东山一带，明清以来，艺术水平最高，并具有鲜明的地域特色，自成艺术体系，因上述地方，旧属潮州府，人们便习惯称之为潮州木雕。清代，潮州木雕处于全盛时期，此时，中原文化、民间艺人大批涌入潮州，潮州民系臻于成熟，形成了文化素质、审美观点、生活习俗及经济活动等较高的总体特征，并在木雕和建筑装饰艺术上得到体现。清代乾隆年间出版的《潮州府志》，就有关于建筑屋宇"雕梁画栋""望族营造屋庐，必建立家庙，尤为壮丽"的记载，建筑的大肆建造，也促进了木雕艺术的进步，使得潮州木雕的装饰形式和艺术技巧更趋成熟。如果说康乾盛世是潮州木雕的一个高峰时期的话，清末、民初则是潮州木雕发展中的第二个鼎盛时期，这个时期的潮汕人民多出洋谋生，很多华侨衣锦还乡后，兴寺庙、建祠堂、置豪宅，蔚然成风，为光宗耀祖而大兴土木、造园建屋，数量以万计，木雕装饰也愈发追求华美、精益求精。

（二）木雕的种类

1. 木雕的使用种类

岭南木雕作品通常与建筑物、家具、室内装饰物品、宗教神器物品等结合在一起，作为它们的装饰或构件，按照用途区分，大致可以分为**建筑木雕、家具木雕、宗教神器和艺术品**。

1）建筑木雕

用于建筑装饰上的木雕，主要是在祠堂、庙宇、民居三个大方面的应用，多采用樟木、柚木等材料，包括梁架、梁托、龙柱、屏风门、脚门、月楣、花板（图4-1）、过水椵、倒吊花篮、楹托、飞罩、罩落、莲花托、屏风门、栏杆门、博古架、花窗等多种木雕构件。

2）家具木雕

木雕艺术在家具方面的应用，主要体现在传统风格雕刻家具的制作上，俗称酸枝家具，在清代中期以后，吸收了欧洲巴洛克与洛可可式家具风格元素，形成了中西合璧、风格独特的岭南家具，家具造型开始追求线条委婉、精雕细刻，各种雕刻技法运用得淋漓尽致，雕刻面积宽广而纵深，有的家具雕刻装饰面积甚至竟高达百分之八十以上，雕刻和镶嵌技艺堪称一绝（图4-2）。

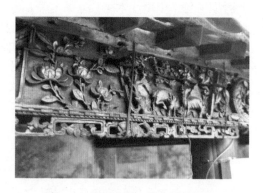

图 4-1　檐下花板（佛山胥江祖庙）

图 4-2　广式家具椅背（番禺余荫山房）

3）宗教神器

宗教神器类木雕又称宗教用品装饰品，尤其是从明末清初一直到新中国成立前的 400 多年间，岭南木雕用于神器装饰的品种众多，达到了登峰造极的地步。遗留下来的神器装饰品，数量巨大，品类繁多，琳琅满目，是中国木雕艺术作品中的精品。

宗教神器类木雕包括三小类。

人物：佛教、道教、基督教、伊斯兰教等宗教人物形象。

神器：神轿、香亭、案台、糖枋架、神龛（图 4-3）、香炉（图 4-4）、供盘、五果盒等。

佛器：舍利塔、如意、道场用具等。

图 4-3　金漆神龛（广东省博物馆）

图 4-4　金漆木雕香炉（广东省博物馆）

4）艺术品

艺术品类的木雕大多是一些装饰欣赏用的小型产品，包括红木小件、桌上小屏风（图 4-5）、镜屏及近现代新兴发展起来的供四面欣赏的圆雕狮子、馔盒和镂雕的花篮及蟹篓、花鸟虫鱼、狮象、龙虎挂屏、如意（图 4-6）等。

图4-5 桌上小屏风（广东省博物馆）

图4-6 金漆木雕如意摆件（广东省博物馆）

2. 木雕的雕刻种类

岭南木雕艺术中的雕刻表现技法，是艺人和技师们经过长时期的传授、继承、探索、实践，不断推陈出新，摸索出的表现力较强的几种技法，其中主要包括沉雕、浮雕、透雕、圆雕等几种雕刻技艺形式。

（1）沉雕。 即线刻、阴刻、阴雕，类似于印章中阴刻的雕刻方法，是一种雕刻图案形象凹下，低于木材平面的一种雕刻装饰方法。其工艺相对简单，以雕刀的刀刃来雕刻图案花纹。雕刻时艺人应根据材料板面的大小，进行周密的构思，意在刀前，画面忌大面积的"满花"，强调留白，效果类似于写意的传统中国画的表现手法，其性质接近于中国绘画，意境也追求像国画一样强调空灵的感觉（图4-7）。

（2）浮雕。 传统工艺中又称剔地雕，通常指在平面上的浮凸表现图案，即在材料平面上剔除花形以外的木质，使表现的图案花样形象凸显出来，是传统木雕中最基本、最常用的雕刻技法，也是岭南木雕中运用较多的表现技法。浮雕一般分为浅浮雕、深浮雕两种形式，浅浮雕雕刻的图案纹样压缩较多，深浮雕作品图案画面构图丰满，深浅对比悬殊，疏密得当，粗细相融，层次较多，立体感强。深浮雕具有较强的空间感和深度感，雕刻层次丰富，少的有二三层，多的有七八层，以此来表现多层次的题材。浮雕技法也常运用在檐下花板和牌匾（图4-8）。

图4-7 牡丹花鸟案台沉雕（佛山梁园）

图4-8 檐下花板和牌匾（佛山祖庙）

（3）圆雕。 又叫立体雕，分为两类：一种是独立的、浑厚的圆雕造型风格，它不属于任何一种产品的附属部件或装饰配件，如单体的人物、动物等多适用圆雕技法；另一种是虚实相间的圆雕，又称"半圆雕"，这种雕刻方法既有整体的造型，又穿插着变化各异、大小不同的镂空形态，形成了虚与实、有与无的空间变化。在建筑木雕构件中的撑拱、垂花等部位多是利用圆雕的表现手法，来使产品形象刻画饱满而又灵透（图4-9、图4-10）。

图 4-9　雀替（番禺余荫山房）

图 4-10　锤花（潮州己略黄公祠）

（4）镂通雕。 镂通雕是潮州木雕最具代表性的雕刻形式，它融汇浮雕、圆雕等技法而成，采用多层、镂空雕刻，呈现出玲珑剔透的效果。镂通雕有很大的容量，适合表现人物众多、情景复杂、场面宏大、景物丰富的题材，其作品常见于花罩、挂落、雀替、木门窗等建筑构件或屏风、挂屏等室内装饰品中，或单纯的木雕装饰摆件（图 4-11、图 4-12）。

图 4-11　荷花芦叶穿莲摆件

图 4-12　花鸟透空双面雕（林汉璇工作室）

（三）木雕的题材及特色

1．木雕的题材

木雕艺术植根于广东地区深厚的文化土壤之中，受到中华民族儒家为主导的传统文化和广东地区世俗民俗文化，以及西方欧洲文艺复兴时期的文化、艺术、建筑等多重影响。木雕的题材分为人物故事传说类题材，动物类，植物类，文字、图案类题材和西洋风格装饰纹样等。

1）人物故事传说类题材

在岭南木雕作品中，以人物故事传说为题材所雕刻而成的艺术作品大量存在，而且这些故事传说有的是历史典故，有的是小说演义故事情节，有的来源于戏曲杂剧故事，也有取材于民间传说或传统礼俗故事，还有一些来源于神话或宗教故事等。传说故事如"牛郎织女""白蛇传""七姐下凡""苏六娘""青蛇与白蛇""天女散花""梁山伯与祝英台""水漫金山寺"

（图 4-13）等。

戏剧故事题材的木雕在岭南木雕作品中大量存在。广府的粤剧和潮汕的潮剧都是岭南地区民众喜闻乐见的戏剧种类，如"王茂生进酒""黄飞虎反五关""状元及第"（图 4-14）等。

图 4-13　水漫金山寺（源于《潮州木雕工艺与制作》）　　图 4-14　状元及第人物花板（广东省博物馆）

历史人物主要是一些人们所熟悉的人物故事及所歌颂的历史人物典故，如"穆桂英""郑成功""杨家将""岳家军""苏武牧羊""昭君出塞""三英战吕布"。最耳熟能详的是潮州木雕中赞美韩愈的"蓝关雪"、明代潮州七贤进京应试的"七贤进京"等。

百姓世俗生活主要是反映劳动人民生产和日常生活场景的题材，如耕织、捕鱼、放牧、打柴等日常生活和石工、木工、农民、船家、货郎小贩的人物形象及生活场景，还有花鼓歌舞、杂技节庆活动场景等，以及地方风光名胜古迹，如："羊城八景"，潮州八景中的"湘桥春涨""北阁佛灯""凤凰时雨""韩祠橡木"等。

2）动物类题材

祥禽瑞兽是潮州木雕艺人常选取的题材，经常出现的形象有狮、鹿、马、猴，水中的鱼、龟，天上的喜鹊、仙鹤，以及属于神兽类的龙、凤（图 4-15）、麒麟等。木雕中的动物造型，是人们美好愿望的寄托，尤其以狮子为题材的木雕饰物，种类繁多，有屏头狮、牌匾狮、竹头狮、对狮、香炉狮等。狮子作为瑞兽，其形象威猛，民间认为能驱害辟邪。图 4-16 所示梁架上的"蹲狮"，狮子身上的毛发由"读书人、举子、士大夫"组成，寓意"名狮高徒"。

图 4-15　丹凤朝阳帐顶（广东省博物馆）　　图 4-16　蹲狮"名狮高徒"（潮州己略黄公祠）

海洋动物鱼虾题材与岭南的地理位置因素相关，与岭南人的生活方式密不可分。海洋文化使人们对海洋生物有着独特的感情，如《龙虾蟹篓》题材是潮汕地区最流行的雕刻题材，也是最能体现雕刻师傅技术的一个题材，不光要观其外的雕刻，还要观其内部的细节。鱼虾象征"五谷丰登，年年有余"（图4-17、图4-18）。

图4-17　蟹篓（广东省博物馆）　　　　　图4-18　必登花甲建筑构件—蟹

3）植物类题材

在建筑木雕装饰中，植物题材用运用最为广泛，主要是由于植物形态比动物的雕刻形态更容易把握，另外人类认识的植物种类也比认识的动物多，植物装饰的题材就显得更为丰富多样，常见的有梅（图4-19）、兰、竹、菊、桃花、牡丹、莲花（图4-20）、葡萄、石榴、水仙、山茶花等植物。同时也从植物茎叶、花图案中提取各式纹样，西洋风格的西番莲纹样也出现在建筑木雕装饰中。

图4-19　"四君子"之梅（源于《潮州木雕工艺与创作》）

图4-20　莲花鹭鸶纹花板

4）文字、图案题材

文字题材主要以书法为主，经常与吉祥图案纹样共同使用，来做花窗或花板。几何图案类题材是指由点、线及正方形、三角形、六角形、圆形等几何形体组合成具有审美价值的图像。主要用于门窗、横披、格窗及多层镂通雕的"地子"。主要形式有：万字纹（图4-21）、套环、回纹（图4-22）等。"龟背纹"是汉族民间装饰纹样的一种，呈六角形连续状的几何纹样，又称灵锁纹或锁纹。古代占卜时灼烤龟甲，视所见坼裂之纹，以兆吉凶。因而龟背纹遂成神秘莫测之物而被崇尚，演化成吉祥之物，雕刻手法以锯通雕为最多，具有较强的装饰效果。

 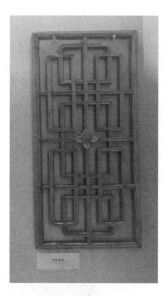

图4-21　万字纹花板　　　　　　　　　　图4-22　回纹窗花

5）西洋风格装饰纹样

清代以后，由于广东的贸易发展，西欧风格的装饰元素也影响了岭南木雕装饰图案。尤其是岭南家具的雕刻纹样上，除了传统的佛手、石榴、灵芝、葫芦等植物题材外，还出现了像西番莲、西洋卷草纹、蔷薇等多种西洋植物题材，并且岭南家具中还常出现中西纹饰相结合的图案，结合自然巧妙、不露痕迹。

2. 岭南木雕的特色

岭南木雕艺术特色的形成主要受地理位置、文化背景、经济环境、封建思想和西方文化的影响，主要表现为以下几方面。

以优质木材为载体。由于广东地处亚热带的地理环境，使其成为多种硬木、红木的主要产地，制作木雕作品的原材料充足，且南洋各国的优质木料多经由广州进口，为岭南木雕产品和艺术的形成和发展打下了坚实的物质基础。例如广式家具由于原料充裕，利于精细雕刻，不加漆饰以显示雄浑与稳重，深受统治阶级喜爱，并在社会上广为盛行。岭南木雕分布地域广阔，会有一些区域性的风格差异，如潮州木雕布局繁复、结构严密、精细纤巧，以表现连续性情节见长；而广式家具雕刻面积大，构图追求满布画面，并注重古朴典雅，追求仿古效果；佛山木雕粗犷豪放、构图夸张简练、结实厚重、雕刻感强、实用与装饰效果强烈。

　　雕刻形式手法多样、品类繁多。岭南地区修建祠堂、庙宇蔚然成风，祠堂、庙宇等建筑木雕和木雕神器装饰品飞速发展，装饰品种类繁多，款式千姿百态，为国内其他各地的木雕所罕见。岭南木雕的装饰形式，第一类是使用贵重硬木原料创作的木雕作品，大多采用"本色素雕"的形式，使材质的纹理、雕刻的刀纹本色清晰可见，更显朴素静雅之感（图 4-23）；第二类是"五彩装金"（图 4-24），大多施以大青大绿或紫红粉黄装彩，再用金色烘托，形成金碧辉煌的建筑表现效果，这种装饰形式多见于建筑木雕构件较多；第三类是"黑漆装金"（图 4-25），即在雕饰物件上以赤色的漆料作为底色，然后铺上金箔，还有的在作品边缘加上装饰的油漆作为衬托，形成极具特色的金漆木雕作品。

图 4-23　"本色素雕"的形式（潮州己略黄公祠）　　　图 4-24　"五彩装金"的形式（揭阳陈氏公祠）

图 4-25　"黑漆装金"的形式（佛山梁园）

　　构图讲究。岭南木雕构图巧妙娴熟且布局合理、秩序感强，接近于传统国画的构图形式，讲究连续性。一般把人物布在画面的中心，这种人物的透视是平视，但环境的透视则是鸟瞰的。平面和鸟瞰相合的构图方法，把远近人物与不同季节的景物组织在一组画面中，而且没有拼凑的感觉；另一种常用的构图方法是连续性的构图，将各个不同时间的故事情节统一布置在一个构图内，布置时主次分明，一般以人物为主，背景为辅，巧妙地和空白结合运用而造成强烈的空间感，起到衬托和使构图完整的作用，对构图的留白十分讲究，能造成虚实对比与节奏感，较大面积的留白构图是岭南木雕雕刻艺术中的独特手法。

　　中西合璧。清代以后，对外贸易和文化交流更加频繁，西方建筑、家具和艺术形式开始大量涌入。对于美的共通认知互相影响着人们，如中国传统的家具和木构件被远航运到各国，被视为珍宝一样，木雕也受到国外装饰式样的影响，中西文化互相碰撞、吸收和融合，使一些木雕作品尤其是广式家具呈现出中西合璧的趋势。如广州陈家祠内神龛木雕，显示了西方巴洛克式的豪华、奔放、繁缛。

（四）岭南建筑木雕的载体

　　岭南地区建筑木雕的载体包括梁托、屐头、瓜柱、凤托、雀替、罩落、花板、斗拱、垂花和门窗雕刻等构件雕刻。

　　（1）梁。梁是木构架建筑中与立柱垂直相连的横跨构件，是建筑构架中最重要的构件。梁架设于建筑中立柱之上，承受着上部构件及屋面的全部重量，同时也是建筑中的重要装饰部位，梁柱的装饰有梁头、柁墩等部位。

　　在潮州古建筑中的木结构梁架上，装饰以动物、花卉雕刻，比较精致的建筑才用人物雕饰。潮州木雕艺人，总结明清数百年来独具地方特色的木结构梁架法则，称为"三载五木瓜，五脏内十八块花坯"，这些木结构既有实用价值又有美学价值（图4-26、图4-27）。

图4-26　梁架与瓜柱（潮州从熙公祠）　　　　　图4-27　屐头（揭阳陈氏公祠）

　　（2）屐头。横梁伸出柱上端的部位叫屐头。在广东地区的很多古民居、祠堂等建筑中，屐头一般位于建筑大门口处最显眼的地方，一直是雕刻装饰的重点部位，所以在进行雕刻装饰时不惜工时和成本，其雕刻题材一般以人物故事题材、动物、植物纹样等图案来进行表现的居多。此外，屐头的雕刻手法和表面装饰会根据不同的建筑类型而进行相应的调整，以适应不同建筑类型的建筑风格和使用意图。

　　（3）瓜柱。瓜柱位于建筑梁木结构的梁背之上，且在瓜柱雕刻完成后，后期大多进行表面装饰，主要有涂饰彩色颜料和贴饰金箔两大类，而潮州老厝"三载五木瓜"叠斗构架，"木瓜"作为短柱，蕴含了多子多福，瓜迭连绵之意。分为贴饰金箔的瓜柱构件和涂饰彩色颜料的瓜柱构件等（图4-28、图4-29）。

图 4-28　瓜柱（揭阳黄公祠）　　　　图 4-29　瓜柱局部图（广东省博物馆）

（4）凤托。无论是民居或是祠堂，进入大门，首先看到的是多个横梁与梁架的直立而形成的一个曲尺形，为了解决曲尺形的生硬结构，清末时期，潮州地区在曲尺形状的斜角处，雕饰了两翅张开的飞凤式样的承托，将梁架结构中的曲尺经过雕刻而形成凤凰的造型，不仅起到了承载横梁的作用，而且表面经过贴饰金箔后，还有很强的装饰作用。凤是人们心目中的瑞鸟，常用来象征祥瑞，是天下太平的象征（图4-30）。

图 4-30　凤托（潮州己略黄公祠）

（5）雀替。雀替又名角替，是中国传统木结构建筑中位于柱头与梁、枋交接的三角处，其作用主要是用于承托梁、枋并具有稳定直角功能的建筑构件。广东地区传统建筑中的雀替具有各种不同的样式，题材内容也大不相同，表面装饰效果多种多样，并且广东各个不同地区，雀替的造型风格也稍有差异，表面装饰形式也有所不同（图4-31、图4-32）。

图 4-31　雀替（番禺余荫山房）　　　　图 4-32　雀替（肇庆龙母祖庙）

（6）**罩落**。罩落是中国传统建筑中非常典型的装饰构件，隶属于木结构建筑中的小木作。罩落常位于走廊屋檐下的柱子中间，岭南木雕罩落常常由几何图案、花草或龙、凤形象组成，题材丰富多彩，大多采用透雕的雕刻技法，有些还采用圆雕、透雕等多种雕刻技法混合，形象生动，表面多采用涂饰或贴金箔装饰手法，造型曲折回转，工艺水平极高（图4-33、图4-34）。

图4-33 罩落（佛山梁园）

图4-34 罩落（佛山清晖园）

（7）**花板**。花板又称挂檐板或封檐板，呈横向板状，大多悬挂放置于屋檐下，又因其大多雕刻着植物、人物故事等各种题材的图案纹样进行装饰，故又称檐下花板。建筑上的檐下花板，主要采用浅浮雕技法在花板上进行精雕细刻，雕刻的题材是人物故事图案纹样并结合自然逼真的物花草纹样，还对其加了金漆的装饰，使其显得生动美观（图4-35）。

（8）**斗拱**。斗拱是传统建筑中以榫卯结构交错叠加而成的承托构件，斗拱处于柱顶、额枋、屋顶之间，是立柱与梁架之间的关节。由于斗拱具有承挑外部屋檐荷载的作用，才使得外檐外伸更远。斗拱的雕刻相对其他雕刻要简单，主要是边缘线脚的装饰（图4-36）。

图4-35 檐下花板（佛山祖庙）

图4-36 斗拱（东莞南社古村）

（9）**垂花**。岭南建筑的垂花雕刻工艺同样十分精彩，大多采用浮雕、镂空雕、线雕等多种雕刻手法，雕刻题材主要是花卉（图4-37、图4-38）。

图4-37 垂花（揭阳城隍庙）

图4-38 垂花（潮州己略黄公祠）

（10）门窗雕刻。 岭南木雕在传统建筑门窗中的应用主要体现在隔扇门及花窗两个主要方面，多以明清两代古建筑形式中最为成熟，这一时期的木雕门窗工艺成熟，式样繁多，装饰手法多样，重视整体表现和细部刻画，远观其效果，近看其独有的文化内涵，在雕饰风格与技艺上达到高度的和谐统一，进而推动了雕刻装饰形式与建筑整体装饰的紧密结合（图4-39、图4-40、图4-41、图4-42）。

图4-39　雕花隔扇木雕（广州陈家祠）

图4-40　潮州建筑的木雕隔窗（潮州开元寺）

图4-41　雕花窗户（广州陈家祠）

图4-42　佛山祖庙雕花隔扇（佛山祖庙）

二、木雕任务实操

实操内容	知识目标	能力目标	素质目标
1. 木雕的工具	了解木雕的基本制作工具	掌握木雕基本工具的使用方法	能够灵活进行工具的搭配
2. 木雕的材料	了解木雕的基本制作材料，了解材料的配比与发酵方法	掌握木雕的基本制作材料搭配，掌握材料的配比与发酵方法	能够灵活根据作品的特点，进行木雕的材料搭配，熟练进行材料的配比与发酵
3. 木雕的制作工艺流程	了解木雕的制作工艺	掌握木雕的制作工艺	能够通过制作工艺，进行基本的木雕制作，并掌握木雕修缮程序
4. 木雕工程实操	观摩现场木雕的工艺操作	动手在现场进行实操	能够满足木雕的现场制作要求与规范

（一）木雕的工具

木雕主要运用到的工具有：圆凿刀、平刀、斜刀、中钢刀、蝴蝶凿、三角刀、敲锤、木锉、斧头、描绘工具以及一些颜料、金属粉箔等。

圆凿刀。圆凿刀多用来表现雕刻作品的圆形和圆凹痕处，在雕刻传统花卉的时候有比较大的作用，比如梅花的花叶、花瓣及枝干的圆面都需要用圆凿刀来进行适形处理，另外也是镂刻雕凿粗坯时的主要工具（图 4-43）。

平刀。平刀的刀刃适合刻线，两刀相交使用时能剔除刀脚或印刻图案。平刀雕刻的作品刚劲有力，体现出如挥笔绘画般的效果（图 4-44）。

图 4-43　圆凿刀

图 4-44　平刀

斜刀。斜刀主要用于作品的关节角落和镂空狭小缝隙处的剔角修光（图 4-45）。斜刀适合如人物眼角等细小部位的刻画。

中钢刀。中钢刀刀刃是平直的，两面都有斜度（与平刀不同，平刀是一面有斜度）。在岭南木雕传统雕刻技艺里认为，适用于雕刻人物雕饰及作品道具上的图案花纹等题材内容（图 4-46）。

图 4-45　斜刀

图 4-46　中钢刀

蝴蝶凿。在广东有些地区也叫"玉婉刀""和尚头"，其刃口呈弧形，是一种介于圆刀与平刀之间的修光刀具，分圆弧和斜弧两种。主要用来雕刻稍圆的线条和处理无须太平整的物体（图 4-47）。

三角刀。刀刃口呈三角形，是用 V 形钢条精磨而成的一种刀具，因其锋面在左右两侧，锋利的集中点就在中角上。三角刀尖推过的部位刻画出线条来主要用于人物或动物的毛发、装饰线纹的雕刻（图 4-48）。

图 4-47　蝴蝶凿

图 4-48　三角刀

岭南木雕创作时候所需要的辅助工具也有很多，如敲锤、木锉、斧子、锯子、磨刀石等。

敲锤。敲锤是石雕艺人敲凿子的硬木敲锤。其形状大多扁、平、宽、方，是打坯、叩线（浮雕的轮廓）的重要工具，其作用在于凿镂作品坯的时候，便于敲锤敲打刀柄，以便增强刀刃的凿削力（图 4-49）。

木锉。主要用于圆雕细雕阶段的修光工序，在使用过程中可以代替平刀修凿磨平，现代生产工艺中还可用砂纸来代替木锉来进行修光工序；还可用于大面积调整木雕作品的造型结构，与雕刻刀具配合使用，将人物衣物纹理和植物叶片、花瓣的辗转翻折处理得生动流畅，虚实且有效（图 4-50）。

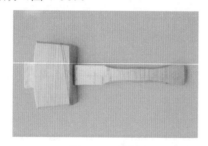

图 4-49　敲锤

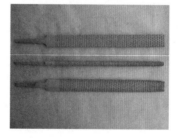

图 4-50　木锉

斧头。又称"斧子"，和我们平时用的斧子差别不大，在木雕中的用途是配合出坯，大幅度地来砍削材料，以制作粗坯（图 4-51）。

漆绘工具。漆绘刷、漆刷的种类很多，按刷毛软硬程度可分为硬毛刷和软毛刷，硬毛刷多为猪鬃（或马鬃）制作；软毛刷多为羊毛制作，也有用狸毛、狼毛制作的。按漆刷的形状分为扁形刷、圆形刷、歪柄刷、排笔刷、扁形笔刷、板刷等（图 4-52、图 4-53）。

颜料。有正银朱、黄漂、红丹、砂绿、藤黄等。其用途一是加入漆料，调配成色漆（图 4-54）。在漆料中调入红颜料，可使金箔的颜色更加辉煌亮丽；二是根据装饰需要调配各色颜料，髹涂于木雕饰件的外表，或用平涂、没骨、钩填等技法在器物漆面上绘画各种纹饰。

图 4-51　斧头

图 4-52　大漆刷

图 4-53　小漆刷

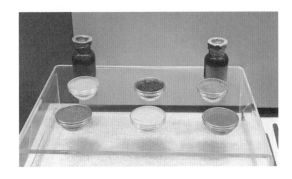

图 4-54　矿物颜料

金属粉箔。潮州木雕流行粘贴或髹涂金属粉箔的装饰手法，所敷贴的金属粉箔主要有金箔、银箔、锡箔、铝箔、铜粉等（图 4-55），其中以金箔最为常用。髹漆贴金装饰是潮州木雕的主要特点之一，故又有"金漆木雕"之称。

图 4-55　银、铜、金箔

（二）木雕的材料

在进行岭南木雕制作过程中，所选用的木材主要有珍贵的硬木木材和普通的木材两大类。

硬性木材：鸡翅木、花梨木、铁力木、乌木（图 4-56）、红铁木豆等、酸枝木（图 4-57）、紫檀（图 4-58）、黄檀（图 4-59）。

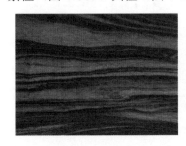

图 4-56　乌木

图 4-57　酸枝木

图 4-58　紫檀

非硬性木材：苦楝木、榉木、榕木、桦木、樟木（图 4-60）、黄杨、柞木、楠木（图 4-61）。

图 4-59　黄檀

图 4-60　樟木

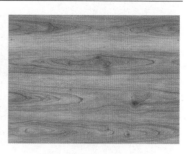
图 4-61　楠木

杂木：杉木（图 4-62）、楸木、椴木、松木（图 4-63）。

图 4-62　杉木

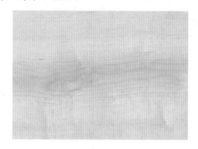
图 4-63　松木

（三）木雕的制作工艺流程

岭南木雕的创作步骤大体分为四个阶段：第一阶段是雕刻前准备；第二阶段是雕凿粗坯；第三阶段是精雕细刻；第四阶段是表面处理。由于岭南木雕分为广式木雕和潮汕木雕两种不同制作方式，所以制作工艺也有些不同之处，下面分为两部分来介绍木雕的制作工艺。

1. 广式木雕制作流程

（1）草图设计。 草图设计又叫"起草图"，指雕刻之前绘制的木雕图案草图，常以钢笔或毛笔白描表现，现在的草图，尤其是多件相同的作品创作时候，常借助复印机把草图复印多份，作为雕刻时候的画稿参考。草图只起到确定主题、安排布局、固定题材对象的作用，木雕的草图图稿和其他绘画的草稿有很大的区别，受到多方面的限制（图 4-64）。

（2）准备雕刻工具。 在进行木雕雕刻之前，工具的准备至关重要，俗话说"磨刀不误砍柴工"，说的就是这个道理，而雕刀的打磨又是准备的重中之重。先粗磨，再细磨，最后再精磨。

（3）雕凿粗坯。 雕凿粗坯是开始雕刻的第一道工序，也称"定形""打粗坯""削切毛坯"等，指雕凿、削切出作品的形状粗坯。雕凿粗坯的过程是：把草图画稿粘贴或复印在板面（板状木雕作品）上，或用粉笔直接画上去，然后才开始雕凿出作品大致轮廓或结构（图 4-65、图 4-66）。先雕凿出表面层，再逐渐深入凿。根据作品的结构、形状、细节等要素来研究木料的材质、纤维方向、心材、边材，灵活使用刀具，充分体现作品的完整性和连贯性，根据木纹顺势走刀，做到既轻便又不伤木料，突出作品的巧、奇、新、雅的艺术效果。

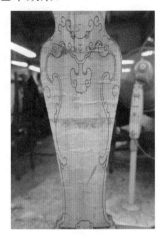

图 4-64　花瓶型背板草图（何世良工作室）

图 4-65　花瓶型背板粗雕的呈现（何世良工作室）

图 4-66　花瓶型背板完成粗雕（何世良工作室）

（4）深入雕刻。这一阶段的工作主要是对粗坯的进一步切削和深入雕刻，一般来说，用平刀及斜刀进行细致雕刻的效果会比较好，而且效率也比较高。在雕刻过程中，一定要注意细节，慢工出细活，防止因雕刻的疏忽而毁了整体。在运刀过程中，要注意不要在作品表面留下刀痕，尤其是珍贵的红木类木雕作品，要压紧刀具再运刀、行刀，以防止因行刀过程中刀具的颤动和打滑而导致作品效果走样。图 4-67 为"花瓶图案"的细致雕刻。

（5）打磨修光。目前，打磨的时候一定要注意砂纸运动的轨迹，根据作品的木质和纤维纹理来顺着木纹或者逆着木纹纹理来进行，即砂纸走向路线与木纹线平行；砂纸的运动轨迹与纤维方向不能垂直，避免造成作品表面起屑、起皱，产生波纹状，从而破坏平面（图 4-68）。

图 4-67　花瓶型背板的细致雕刻（何世良工作室）

图 4-68　打磨（何世良工作室）

（6）**精雕**。精雕是木雕艺术创作中最为精细，也是最为重要的一道工序，这也是把精雕放在打磨修光之后的主要原因。精雕过程中要求工匠一定要十分小心谨慎，稍有偏差就会造成作品破损，影响效果。如人物的嘴唇、头发、指甲、眼睛，昆虫的触角，飞禽的喙，蜘蛛的网以及植物的须等都需要精雕来完成，以使作品达到细腻、生动的效果，图 4-69 为"花瓶图案"花纹的精雕。

（7）**精磨**。这是木雕艺术创作中最后一道工序，也是最为重要的一道工序，精磨过程中要求精磨工人一定要十分耐心，而且要小心谨慎，稍有偏差就会造成作品表面有划痕、破损，而且精磨的砂纸表面也要求十分细腻，方便为之后的涂饰表面打下良好基础，精磨过程见图 4-70。

图 4-69　花瓶型背板的精雕（何世良工作室）

图 4-70　精磨（何世良工作室）

（8）**表面处理**。表面处理这一阶段的工作主要是指对雕刻完成的木雕作品表面进行涂饰，以弥补木雕作品表面的不足或者缺陷，美化作品并起到保护作品的作用，使作品寿命延长。本阶段主要有两种方法，一种是涂饰涂料，即所谓的上漆；另一种是贴金，以形成岭南木雕中最有特色的金漆木雕作品。

2. 潮州金漆木雕的制作流程

潮州金漆木雕在雕刻部分与广式木雕并没有太大的区别，步骤相似，只是多了在木雕上进行涂饰和贴金的程序。潮州金漆木雕的制作有一系列的工艺程序，其制作过程可分为整料、起草图、上草图、凿粗胚、细雕刻、髹漆贴金等六道工序。饰金涂漆制作工艺是潮州木雕又一大特色。

制作金漆木雕作品的上漆操作有四个步骤：一是填料，也称批灰，用生漆搅拌石膏粉或用万能胶搅拌原木锯末将木雕作品表面中的裂纹和缺陷填平，并磨光修整；二是涂饰头层漆膜，用生漆掺入红色颜料，使其呈洋红色，用刷子均匀涂饰在木雕作品表面，使木雕作品表面吸收漆液，使木料毛孔结合；三是涂饰第二层涂料，取生、熟漆各一半，调入土红和少量"朱砂"，使之呈深红色，用刷子涂饰均匀，可使木雕作品表面光滑，提高贴金效果；四是涂饰第三层涂料，取熟漆调入朱砂后呈大红色，用牛毛笔非常均匀地涂在木雕作品上，然后干燥，等到漆呈现微粘的感觉时，便可贴金箔。

经过了涂饰涂料的木雕工序后，便可粘贴金箔。岭南木雕中的金漆木雕贴金所用的金箔是用纯金经人工敲打而成，薄如蝉翼。贴金工序开始时，应注意避免风吹，用头发制成的刷子将金箔轻贴于木雕作品表面，要求做到不留漆缝，最后将金粉吹干净，以达到犹如金铸般金碧辉煌的效果（图4-71、图4-72、图4-73、图4-74）。

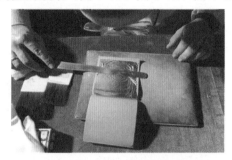

图4-71　纯金压制的超薄金箔

图4-72　将金箔切成小片

图4-73　在其表面涂上鱼胶，利用静电将
金箔吸附到家具粘贴

图4-74　静置一天后，用特制的工具仔细打磨

贴金也分老式（传统）做法和新式（现代）做法两种。老式做法是利用自然状态的适当温度、湿度，用传统的材料制作完成。一般来说，温度18~23℃为最佳，湿度则以偏低为好。一般上完金底漆后12小时，干燥度达到90%左右时贴金较为理想，越干燥时贴金，作品亮度越高。新式贴金可在漆液中加入化学干燥剂，人为地控制湿度和黏度，时间则视加入干燥剂的多少而定，这样可以缩短工期，提高工作效率。

三、木雕的传承与发展

（一）木雕的传承现状

由于现代建筑与传统木构建筑的营造完全不同，而现代人的生活方式也与从前大不相同，所以对于建筑木雕，只能在修复和仿古建筑中见到。但是传统家具由于其体量小且精致，越来越受到人们的欢迎。1979年改革开放之后，城乡经济发展迅速，红木雕刻家具的需求量剧增，于是广州包括临近广州各县的红木家具业迅速发展，行业大规模扩大，从业人数与日俱增，雕刻艺术也迅速提升，并实现了半机械化的生产方式，提高了生产效率。尤其是近年以来，形成了以广州、中山、顺德为中心的岭南红木雕刻家具生产基地，很大程度上促进了岭南木雕艺术的进一步发展壮大。乘着改革开放以来的大好形势，潮州木雕开发新门类、发展新品种、合理调整产品结构，大力发展了一大批欣赏与实用相结合的木雕实用品和木雕装饰品，逐渐进入各地的园林、宾馆、商场，并开始跨出国门，走向世界。

当今随着人们对传统文化和艺术价值的回归，不论从建筑设计、室内设计到家具的设计与选择，都喜欢带有传统文化韵味或传统元素的装饰，所以时下新中式风格非常流行，也带动了木雕的发展。

（二）木雕现代传承人

1. 肖楚明

肖楚明，1950年生，潮州磷溪人，出生于潮州磷溪镇顶厝州古建筑大木作世家，省级非物质文化遗产建筑木结构营造技艺项目代表性人物。2016年，获评首届"广东省传统建筑名匠"称号。其承接的传统建筑营造工程遍布粤东和珠三角地区，木结构工程质量及造诣深受盛誉、广受好评，如潮州广济桥相关修复或重建工程、粤剧艺术博物馆琼花堂、意溪松林古寺等。

肖楚明做过的工程木结构质量高，广受好评。他带领团队参与修缮的潮州广济楼始建于明代洪武三年（1370），为三层四檐木石结构、青瓦屋顶的宫殿式建筑。肖楚明按照宫殿式三层歇山顶设计，恢复明代石木结构，保留东门楼原有防守、防洪和观景的功能。在内部装修过程中，他专门从广西采购上等桐油作为木结构的主要油漆原料，并专门聘请潮州有名的古建筑师傅进行彩绘、贴金，更好地体现潮州古建筑特点和城防建筑的粗犷风格，使广济楼以明代古城楼的风采重现于韩江边，成为潮州市的一大文化地标。

肖楚明认为，作为一个"大木作师傅"应该具有三大技艺特点：一是具有掌握潮州传统建筑营造整个过程的能力，包括风水、人文、习俗等，总体把握传统建筑营造的文化特征；二是了解潮州传统建筑营造的发展历史和演变过程，了解各个历史时期的建筑布局、造型和工艺特点，才能真实地表现和传承潮州传统建筑的营造技艺；三是明辨各类型传统建筑的共通性与特殊性，才能在祠堂、庙宇、府第、园林等不同类型建筑的营造中做到准确把握、游刃有余。

2. 林汉旋

林汉旋，1963年生，揭阳揭西人，潮州木雕世家，高级工艺美术师，省级非物质文化遗产项目木雕代表性传承人，2016年，获评首届"广东省传统建筑名匠"称号。主要从事木雕工艺专业创作、古建设计、木狮、馔盒、挂屏、人物等木雕工艺创作，作品多次在全国工艺美术展览上荣获金奖等奖项。参与潮汕地区诸多古建筑修缮和重建工程，如揭阳城隍庙、天后宫等。林汉旋出生于潮汕木雕世家，是家族的第七代传承人。17岁时，他师从父亲林加先学艺，后多次前往福建仙游、浙江东阳等地学艺，并拜木雕名家庄龙瑞、王东方等为师，从此踏上了精雕细刻的"木雕之路"。

20多年来，凭着"艺无止境"的不断追求和超越自我，他先后为揭阳城隍庙、揭阳民间工艺展览馆及各地多间祠堂等建筑进行木雕构件的制作。他还曾为山东、安徽、香港、江苏等地的建筑创作了30余幅大型屏风或挂屏，并为众多佛寺制作了大量神像与木雕佛像，作品多次在全国工艺美术展览上荣获金奖。林汉旋刀下的人物神态各异，栩栩如生，在他的作品《三十六神童》中，三十六个孩童在不足1米的樟木上雕刻而成，最见其木雕功力。面对工业化生产的冲击，他仍然坚持古老手工特有的温度和艺术韵味。林汉旋认为，真正的艺术品需要精雕细琢，从设计到创作一个摆件，都需要匠人用心制造。只有在一刀一凿之间，才能见个性和神韵。其2004年创作的《四大美人》被中国文联、中国民间艺术家协会评为优秀奖；2005年创作的《申奥成功》、2009年创作的《三羊开泰》分别被广东省工艺美术评审委员会评为金奖和银奖；2012年11月木雕作品《南山五老》荣获"粤文杯"首届广东民间工艺博览会金奖；2009年创作的《三英战吕布》和《三羊开泰》、2011年创作的《姜子牙点将》、2012年创作的《四季平安》、2015年创作的《蟹篮》分别在中国国际文化产业博览会上被评为金奖。

为了更好地传承潮州传统木雕技艺，林汉旋近年来也开始广纳门徒，其中包括他的儿子林信雄，目前，林信雄已被认定为区级潮州木雕非遗项目传承人。他所收的40多名学徒，不少逐步进入木雕艺术境界，创作技巧得到提升，技艺大有长进。还有一部分学成后自立门户，其中有一名学徒在深圳，把传统的木雕工艺融入到现代的家居装饰中，获得了不小的成就，令他颇感欣慰。如今，林汉旋的木雕厂已成为潮州市文化产业示范基地、市非物质文化遗产保护中心、市木雕传承基地。

（三）木雕的发展

1. 直接应用

在仿古建筑当中，需要与传统建筑的构造与装饰一致，所以对木雕的需求较大。另外，在有些追求与传统岭南建筑形制一样的中式别墅住宅、餐馆、会馆、园林与店铺等建筑中，为了营造一种传统建筑风格的建筑空间和室内氛围，其建筑不仅会采取木制架构形式，而且在梁架、柱身、柱头、檐下等部分也会大量运用木雕。为了体现传统建筑的韵味，不仅在建筑结构形式、架构形式、技法等方面直接引用，而且还在雕刻样式、技法选取等方面都尽可能地和传统的岭南木雕艺术一致。木雕艺术精巧别致，在现代简约风格的设计中，依然可以发挥其作用，起到空间装饰与点缀的作用。

2. 借鉴应用

仿古典园林中的楼台、亭阁、花厅等建筑中，木雕装饰在柱头、梁架、廊柱、栏杆等部位，雕刻形式和技法借鉴传统岭南木雕艺术，但是大多用现代机器如镂刻机、CNC雕刻机等来进行加工制造，最终的效果和传统岭南木雕作品基本一致。题材内容方面，充分理解岭南木雕艺术中的传统雕饰题材内容，在现代设计理念和建筑装饰实践中，根据现代人对设计的审美认知，把木雕构件或木雕的题材融合应用到现代建筑装饰中。在创作中，以建筑中的直线块面或曲线块面组合为基调，配以题材传统木雕元素中的各种曲线形装饰图案和配件，使建筑整体既壮观又牢固，题材与建筑部位之间相互协调，融为一体，产生一种不仅和谐、古朴、庄重，而且新奇、华丽的建筑装饰节奏美。

3. 创新应用

主要采用四种创新提炼应用的原则，分别是简化提炼、抽象提炼、夸张提炼、分解与重构。

简化提炼。创新应用，将岭南传统建筑中复杂繁琐的木雕形式和图案进行简化与概括，在把握住建筑原有木雕形式和图案内涵的前提下，删繁就简，去掉繁缛的木雕艺术形式和图案里琐碎的、不符合现代建筑木雕艺术的部分，然后在形式和图案表现方面，更直接、更集中、更能符合现代人的思想观念和审美形式，且又不失传统建筑木雕形式和美感的一种提炼原则。

抽象提炼。利用几何变形的手法对传统的建筑形式和图案形象进行抽象的变形处理，通常抽象出一些简单的块面组合来对传统建筑木雕方式进行代替，用几何直线或曲线对传统图案的外形进行抽象概括处理，将其归纳组成简单的图案形体，使其具有简洁明快的现代美。

夸张提炼。夸张提炼是对建筑形式或装饰图案中的某些部位和特征给予突出、夸大和强调，使原有的形式和特征更加鲜明、生动和典型的一种提炼原则，往往借助于想象力，将对象形态、动态及色彩等特征加以夸张表现，更鲜明、更强烈地揭示自然形态的本质特征，增强艺术感染力。

分解与重构。分解与重构是根据设计者的意图，将木雕形式和图案对象加以分割移位，然后再按照一定的规律，重新组合构图的一种提炼原则。

课后练习题目

一、选择题

1. 木雕艺术起源于（　　）时期的中国，距今七千多年前的浙江余姚河姆渡遗址，曾出土一件长 11 厘米的木雕鱼，这是我国已发现最早的木雕作品。

　　A. 新石器　　　　B. 旧石器　　　　C. 中石器　　　　D. 原始新石器

2. 如果说（　　）是潮州木雕的一个高峰时期的话，清末、民初则是潮州木雕发展中的第二个鼎盛时期，这个时期的潮汕人民多出洋谋生，很多华侨衣锦还乡后，兴寺庙、建祠堂、置豪宅，蔚然成风，为光宗耀祖而大兴土木、造园建屋，数量以万计，木雕装饰也愈发追求华美、精益求精。

　　A. 贞观之治　　　B. 开元盛世　　　C. 康乾盛世　　　D. 永乐盛世

3. 岭南木雕的题材中，几何图案类题材是指由点、线以及正方形、三角形、六角形、圆形等几何形体组合成具有审美价值的图像，主要形式有回纹、套环、龟背纹等，（　　）是汉族民间装饰纹样的一种。

　　A. 回纹　　　　　B. 套环　　　　　C. 龟背纹　　　　D. 蛇纹

4. 在广东地区的很多古民居、祠堂等建筑中，（　　）一般位于建筑大门口处最显眼的地方，一直是雕刻装饰的重点部位，所以在进行雕刻装饰时不惜工时和成本，其雕刻题材一般以人物故事、动物、植物纹样等图案来进行表现的居多。

　　A. 瓜柱　　　　　B. 屋头　　　　　C. 梁托　　　　　D. 柁墩

5. 无论是民居或是祠堂，进入大门，首先看到的是多个横梁与梁架的直立而形成的一个曲尺形，为了解决曲尺形的生硬结构，清末时期，潮州地区在曲尺形状的斜角处，雕饰了两翅张开的飞凤式样的承托。文中所描述的是（   ）。

    A．雀替　　　　　B．罩落　　　　　C．凤托　　　　　D．花板

6.（   ）主要用于作品的关节角落和镂空狭小缝隙处的剔角修光。斜刀适合人物眼角等细小部位刻画。

    A．圆凿刀　　　　B．平刀　　　　　C．斜刀　　　　　D．中钢刀

7. 潮州木雕流行粘贴或髹涂金属粉箔的装饰手法，所敷贴的金属粉箔主要有金箔、银箔、锡箔、铝箔、铜粉等，其中以（   ）最为常用。

    A．铜粉　　　　　B．铝箔　　　　　C．锡箔　　　　　D．金箔

8.（   ）传统工艺中又称剔地雕，通常指在平面上的浮凸表现图案，即在材料平面上剔除花形以外的木质，使表现的图案花样形象凸显出来，是传统木雕中最基本、最常用的雕刻技法，也是岭南木雕中运用较多的表现技法。

    A．沉雕　　　　　B．浮雕　　　　　C．圆雕　　　　　D．镂通雕

9. 祥禽瑞兽是潮州木雕艺人常选取的题材，经常出现的形象有（   ）、鹿、马、猴，水中的鱼、龟，天上的喜鹊、仙鹤以及属于神兽类的龙、凤、麒麟等。

    A．牛　　　　　　B．虎　　　　　　C．狮　　　　　　D．狗

10. 在中国建筑史上出现了众多不同的木雕风格与流派，其中最著名的是：浙江东阳木雕、（   ）、温州黄杨木雕、福建龙眼木雕，俗称"四大名雕"。

    A．潮州金漆木雕　　　　　　　　B．广东金漆木雕

    C．佛山木雕　　　　　　　　　　D．广府木雕

二、填空题

1. 广州以"_____"，佛山以"_____"，三水以"赵三友"，或"广州三友""佛山三友""西南三友"称谓，是清末广式木雕杰出代表之一。

2. 建筑装饰上的木雕，主要是在祠堂、庙宇、民居三个大方面的应用，多采用樟木、柚木等材料，包括_____、梁托、龙柱、屏风门、脚门、_____、花板、过水楹、倒吊花篮、楹托、飞罩、罩落、莲花托、屏风门、栏杆门、博古架、花窗等多种木雕构件。

3. 岭南木雕的题材分为_____、世俗生活题材、动植物题材、文字、图案题材等。

4. 清代以后，由于广东的贸易发展，西欧风格的装饰元素也影响了岭南木雕装饰图案。尤其是岭南家具的雕刻纹样上，除了传统的_____、石榴、灵芝、葫芦等植物题材外，还出现了像西番莲、_____、蔷薇等多种西洋植物题材。

5. 木雕主要运用到的工具有：圆凿刀、平刀、斜刀、中钢刀、蝴蝶凿、三角刀、_____、木锉、_____、描绘工具及一些颜料、金属粉箔等。

三、简答题

1. 艺术品类的木雕大多是哪些？
2. 岭南木雕艺术特色的形成主要受什么影响？
3. 岭南木雕雕刻艺术中的独特手法及形成原因是什么？
4. 概括岭南木雕大体的创作步骤。
5. 岭南木雕在古代建筑中的装饰主要分为哪三大类？

6．岭南木雕制作过程中，所选用珍贵的硬木木材有哪些？

7．木雕的现代传承人代表及其代表作品有哪些？

四、实操题

　　制作 30 厘米×20 厘米×15 厘米的木雕作品一件，利用深浅浮雕结合的方式，雕刻喜鹊登梅的主题，要求画面构图饱满，雕刻形象生动，没有明显瑕疵，打磨光滑。

第五章 石 雕

1. 石雕技艺课程设计思路

自古岭南人敬畏神，并有很强烈的宗族观念，石雕是彰显着宗族的兴旺和实力的载体。他们的创作题材多与历史名人故事、神话故事及宗族有关，逐渐形成了自己独有的特色。通过特有的雕刻技法，以石头为载体，运用在寺庙、祠堂等建筑的装饰上，最具有特色的石雕要数广府和潮汕地区，都以门框、门槛、柱、梁、栏杆、台阶为主要载体。广府石雕多以浮雕为主要雕刻形式，而潮汕石雕则突出圆雕、镂空雕等多种雕刻形式。

培训依据"能力核心、系统培养"的指导思想，按照国家级民族文化传承与创新示范专业的要求，制定专业教学标准和课程标准，针对古建筑修缮工程和仿古建筑建造人才的培养，进行岭南传统建筑**石雕技艺教学与实训课程**（项目）的设计。课程采用了任务驱动的教学模式，打造成**文化背景+任务实训**循序渐进的、寓教于乐的训练形式。由于石雕是一项考验体力的技艺，所以现代石雕会结合一些机器，人工主要完成细节的精雕。

2. 课程内容

石雕文化背景	1	石雕的历史发展
	2	石雕的种类
	3	石雕的题材及特色
	4	石雕的建筑载体
石雕任务实训	1	石雕的工具
	2	石雕的材料
	3	石雕的制作工艺流程
	4	工地现场实操

3. 训练目标

使学习者通过文化背景与任务实训学习，具备石雕的材料辨认、图案设计、粗雕、精雕和拼接的技术知识与技能，能够进行传统建筑石雕部分的修缮与制作。学习岭南传统建筑技艺"石雕"，践行工匠精神，感受深厚的中华传统优秀文化底蕴，弘扬和传播工匠精神，做到坚毅专注、精益求精。

4. 培训课程考核

培训考核成绩=理论成绩（30%）+实训室实操考核成绩（50%）+工地实操考核成绩（20%）。考核总成绩达到 60 分以上合格，并依据考核成绩高低设置优秀、优良、合格三个等级。

一、石雕文化背景

课程内容	知识目标	能力目标	素质目标
1. 石雕的历史发展	了解石雕的历史发展	掌握石雕的历史与发展	能够通过联系岭南地区的人文历史，全面了解石雕的历史发展
2. 石雕的种类	了解石雕的种类，能够清楚辨别	掌握石雕的种类及使用部位	能够熟悉石雕的种类，进行清晰的辨认，可以默画出其造型
3. 石雕的题材及特色	能够熟练掌握石雕的题材及特色	掌握石雕的作用、特点，轻松辨识石雕的题材	能够熟练掌握石雕的题材并画出各类题材
4. 石雕的建筑载体	了解石雕的建筑载体	掌握并识别石雕的建筑载体	能够熟悉岭南建筑的各部分结构，清楚辨别石雕在各部分使用的特点

（一）石雕的历史发展

1. 石雕的历史

在漫长的旧、新石器时代，石器加工是岭南原始先民谋生的手段。在我国珠江口的香港、澳门、珠海等地区发现多处岩刻，以复杂的抽象图案为主，采用凿刻的技法，尤其是珠海南水镇高栏岛发现的青铜时代的一幅高 3 米、长 5 米的岩刻，明文凿刻，线条清晰，从复杂的线条中还能辨认出人物神态和船刻。

南越王赵眜墓，是岭南迄今为止被发现的规模最大的石墓室，墓室巨石重达 2.6 吨，用石板作冰裂纹精细铺砌的石池、蜿蜒逶迤的石渠及巨大石板架设的石室，为中国秦汉遗址所首见，（图 5-1、图 5-2）墓中出土的 244 件（套）的玉器，其中包括 71 件玉璧，以及两件青玉圆雕舞女、1 件浮雕卷云纹的青白玉雕角杯，还有丝镂玉衣、龙虎并体玉带钩，龙凤纹重环玉佩、兽首衔璧，均为精美绝伦的珍品，反映了当时玉石加工的高超工艺水平。可见南越国已掌握了开料、造型、钻孔、琢制、抛光、改制等手法及镶嵌工艺。此外，在南越王墓中还发现硯石、研石、砺石及磨制细腻的石斧等石器，可见当时南越国已掌握了对石雕的开料、造型、琢制、抛光等工艺流程，间接说明了当时的石雕工艺技术已较为成熟。

图 5-1　南越王墓博物馆（广州南越王赵眜墓）

图 5-2　南越王墓室（广州南越王赵眜墓）

中国建筑石雕起源于商，形成于周，汉代为历史发展的第一个高峰期，历经秦汉的统一进入封建社会以后，中华民族旺盛和蓬勃的精力、征服和开拓的信心、社会生产力的发展，使得雕塑技术取得了前所未有的成就而进入鼎盛时期。当时的浮雕类以画像石、画像砖和瓦当为代表，圆雕类以陶俑、石雕和木雕为代表。由于老庄哲学的广泛传播以及封建统治者追求阴间的福禄和对来世的信仰，致使厚葬之风大兴。统治者们不惜耗费巨大的人力、物力、财力而大肆兴建供他们死后在阴间继续享受豪华奢侈生活的豪宅——陵墓。于是基于陵墓装饰的需要，表现当时社会风貌的画像石和画像砖就以浅浮雕的形式出现了，它是后世浮雕类雕塑的本原，陵墓装饰中的大型石兽雕刻相传就开始于汉代。

三国、两晋、南北朝时期由于佛教艺术的盛行，宗教石雕取得了较快发展，这一时期的雕塑主要是围绕着佛教雕塑而展开的，是我国古代雕塑史上又一个重要的发展阶段。佛教雕塑丰富了中国雕塑的表现技巧和题材。例如大型石窟内的石雕和泥塑的制作技术和大型摩崖雕像的制作和装饰等。伟大的民间石雕匠师们依照中国民众的审美心理，大量吸收、借鉴印度佛教雕塑艺术的制作经验和表现技法，创作出了许多具有中国民族特色的佛教雕塑形象。另外，这一时期除了佛教造像盛行以外，碑塔和陵墓石雕也具有很高的艺术成就。

隋唐时代石窟开凿的风气极其盛行。隋朝统治的时间虽然只有短短的三十七年，但是现今全国各地的一些重要石窟中却留存下来有很多隋代的石雕造像。经过隋代的短暂过渡，中国雕塑在唐代又迎来了另一个辉煌的时期。唐代堪称中国封建社会的"黄金时代"，石雕艺术在这一时期显示出一种艺术成就非常全面而又健康成熟的美，产生的石雕佛教造像在数量、规模和工艺上都是前所未有的。举世闻名的敦煌莫高窟内两座分别为 25 米、30 米高的弥勒佛像与四川乐山高 70 多米的弥勒石佛像等都是唐代大型石雕艺术中最具有代表性的作品。

宋代的雕刻艺术作品的整体风格已经失去了唐代作品奔放雄健的气概，逐渐开始向世俗化方向发展。然而，宋代的工艺性雕塑却十分兴盛，除了官方有专门管理雕刻制作工匠的机构外，还出现了大量从事工艺雕塑的民间艺人。宋代雕塑的成就体现在众多气质、性格多样的罗汉像上。

明代的陵墓石雕以帝王陵为代表，除南京的明孝陵、北京的十三陵，还有江苏的明祖陵和安徽凤阳的明皇陵。清代的雕刻水平与唐代、宋代和明代相比，缺乏生气和魄力，已大为逊色。然而，明清两代的建筑装饰石雕却非常优美精致，尤其以遍及全国各地的民间石牌坊最为著名。同时与模式化的大型仪卫石雕和宗教石雕相比，小型石雕成为了明、清两代雕塑艺术领域中最有生命力的雕塑品种，显现出一派勃勃的生机。明、清两代各皇帝陵的陵墓石雕装饰较前代规模更大、更多，如北京明成祖长陵，陵门之外有石雕文臣武将八人，以及大象、骆驼、翼马、麒麟、貔貅、狮子各四件、共二十四件。

中国的佛教石窟造像到了清代已经基本停止了。自康熙和乾隆后，建筑装饰石雕在一定程度上体现出了清代雕刻的成就，整体上显得愈发繁琐和精巧，呈现出一种装饰性极强的时代倾向。民间工艺性石雕随之有了相应的发展，并体现出一定程度的成就，作品精致小巧而又富有甜美的装饰意趣，可以说代表了清代石雕的风格和特色。民居建筑石雕装饰发展十分迅速，出现了许多精美的让人叹为观止并令人敬佩的石雕艺术品。

迄今人类包罗万象的艺术形式中，没有哪一种能比石雕更古老，也没有哪一种艺术形式更为人们所喜闻乐见、亘古不衰。不同时期，不同的需要，不同的审美观，不同的社会环境和社会制度，使石雕在类型和样式风格上都有很大变迁。

2. 岭南石雕

自古岭南人敬畏神，并有很强烈的宗族观念，他们的创作题材也多与历史名人故事、神话故事及宗族有关，逐渐形成了自己独有的特色。通过特有的雕刻技法，以石头为载体，运用于寺庙、祠堂等建筑的装饰上。如花都资政大夫祠的石门栏装饰（图 5-3），淡雅的硬石材质显示出大夫祠的尊贵与大气，间接传递着某种伦理思想及等级制度，潜移默化地影响人们对视觉与空间的感知，承载着对神灵的敬畏和美好愿望的寄托。广州陈家祠，石牛腿与石雀替（图5-4）的运用显示出建筑所属宗族的财力，而石材的质感也让建筑更加耐久，展示出恢宏的气势。

图5-3　石门栏（花都资政大夫祠）

图5-4　石牛腿、石雀替（广州陈家祠）

　　最具特色的石雕要数广府和潮汕地区，都以门框、门槛、柱、梁、栏杆、台阶为主要载体。广府石雕多以浮雕为主要雕刻形式，而潮汕石雕则突出圆雕、镂空雕等多种雕刻形式。建筑室外的柱子、栏杆、墙裙等部位容易受到雨淋日晒，多采用质坚的花岗岩，如有浮雕、圆雕等雕刻手法结合在一起的台基，有"子孙绵延，富贵吉祥"之意（图5-5、图5-6），整体感觉厚重、朴素。潮汕石雕以名人祠、观光塔、祖祠居多。为了防潮、防雨、防白蚁腐蚀，潮汕建筑的承重部位以石结构为主，如石梁枋、斗拱等。石雕装饰艺术中最著名的是从熙公祠（图5-7），可以看出标榜孝义是中华民族传统优秀的道德与品质，这也对形成和发展地方特色的建筑石雕起极大的推动作用。

图5-5　台基（广州陈家祠）

图5-6　祥龙台基（东莞南社古村）

图5-7　石梁枋（潮州从熙公祠）

岭南石雕彰显着宗族的兴旺和实力。潮汕宗祠的建筑石雕，以精美传世，以细刻繁雕见长，镂通雕技艺得到全面发展，甚至穿插以彩金，形成精细纤秀瑰丽的艺术特色，这不但显示了宅主的身份和品格，无形之中又发挥了积极的教化作用，其艺术和社会价值都不可小觑。宗祠是表现族权尊严的象征，是族人的骄傲。在建筑石雕的装饰上，过分强调宗族昔日的荣耀和强盛，难免累赘雕琢，但依然可以代表当地建筑石雕技术的最高水平，表现出最华美的艺术气息。

（二）石雕的种类

石雕的主要种类有浮雕、圆雕、沉雕、影雕、镂雕、透雕。

（1）浮雕。 浮雕是在石料表面雕刻有立体感的图像，是半立体型的雕刻品，因图像浮凸于石面而称浮雕。根据石面深浅程度的不同，又分为浅浮雕、高浮雕。浅浮雕是单层次雕像，内容比较单一，没有镂雕通透。如番禺留耕堂的门枕石（图5-8），题材为鱼跃龙门，寓意学业进步，能考取功名。高浮雕是多层次造像，内容较为繁复，多采取透雕手法镂空，如德庆学宫上的御道（图5-9），双龙嬉戏的画面生动，颇显空灵庄重。

图5-8 门枕石（番禺留耕堂）　　　图5-9 御道（肇庆德庆学宫）

（2）圆雕。 圆雕是以单体形式存在的立体造型艺术品，石料每个面都要求进行加工，工艺以镂空技法和精细剁斧见长。花都资政大夫祠的牛腿石雕（图5-10），中间的镂空处，为创作题材添加了不少戏剧性。

图5-10 牛腿石雕（花都资政大夫祠）

（3）沉雕。 沉雕又称"线雕"，即采用"水磨沉花"雕法的艺术品。如在番禺宝墨园九龙桥上的石雕装饰，刀法流畅，力度适中（图5-11）。此外，这类雕法吸收中国画写意、重叠、线条造型散点透视等传统笔法。

（4）镂雕。镂雕也称镂空雕，即把石材中没有表现物像的部分掏空，把能表现物像的部分留下来。镂雕是圆雕中发展出来，它是表现物像立体空间层次的石材雕刻技法，是中国传统石雕工艺中一种重要的雕刻技法。例如狮子口中的珠子剥离于原石材，比狮子口要大，但是在狮子嘴中滚动而不滑出，这种在狮子口中活动的"珠"就是最简单的镂空雕（图5-12），"狮口含珠"的雕刻效果，是以前判断一个石雕匠人技艺基本功的重要标准。

图5-11　雕刻有祥龙和卷草的抱　　　　　　　图5-12　狮口珠镂雕
　　　　　柱石（番禺宝墨园）

（5）透雕。在浮雕作品中，保留凸出的物像部分，而将背面部分进行局部镂空，就称为透雕。单面透雕只刻正面，双面透雕则将正、背两面的物像都刻出来。不管单面透雕还是双面透雕，都不是360°的全方面雕刻，属于正面或正反两面雕刻。因此，透雕是浮雕技法的延伸（图5-13）。

图5-13　透雕（番禺余荫山房）

（三）石雕的题材及特色

1. 石雕的题材

岭南石雕的种类大致可分为祥瑞动物、植物水果、博古器物、人物、文字和吉祥纹样。

（1）**祥瑞动物。**在石雕中常用的动物题材主要有龙、狮子、麒麟、猴子（图5-14）、鱼、龟（图5-15）、蝙蝠等形象，让石制的建筑结构变得灵动而又具有美好的寓意，比如龙象征着神圣与威严（图5-16）；狮子象征着吉祥，有"狮子滚绣球，好事在后头"的说法（图5-17）。

图5-14 猴子（东莞可园）

图5-15 龟（佛山祖庙）

图5-16 祥龙石雕（番禺宝墨园）

图5-17 石狮（德庆龙母祖庙）

（2）**植物水果。**植物以莲（图5-18）、荷花、竹（图5-19）等为主，代表人们推崇及追求美的道德品质，也有些植物是与鸟兽、果品组合在一起的（图5-20）。在陈家祠的石栏杆上，雕刻着各种水果，如石榴、杨桃、荔枝、梨子、葡萄等，寓意"多子多孙""家宅安宁"（图5-21）。

图5-18 莲花（沙湾留耕堂）

图5-19 竹（广州陈家祠）

图 5-20　鸟兽、花卉组成的石雕（广州陈家祠）　　　　图 5-21　石榴（广州陈家祠）

（3）博古器物。 博古即博通古物，通古博今之意，这自然是古代文人有学识的标志，如卷轴、宝剑、文房四宝等用器物来暗含对获得知识学问的追求；在佛教建筑中，佛教的法轮、法螺、宝伞、莲花等八宝吉祥（图 5-22），也常常作为装饰内容，其中"禅机玄妙，法流净土，一似莲花开朵朵"说的是莲花在佛教中的含义（图 5-23），以此来表达佛教追求心灵净土的信念。

图 5-22　博古石雕（潮州龙湖古寨）　　　　图 5-23　莲花（东莞可园）

（4）人物。 常见的人物形象有两类：一类是佛教人物，如砖石佛塔、经幢上的佛像，以及单独摆放作为景观小品，用于给前来虔诚膜拜的游客欣赏，如在广州光孝寺，五个眉目祥和的小和尚在认真地钻研与学习佛道之书，神态真诚（图 5-24）；另一类是故事传说和世俗生活中的人物题材，如文臣武将（图 5-25）、仕男淑女，还有在装饰中独立存在的人物，如在基座上的角神和力士。

图 5-24　小和尚人物石雕（广州光孝寺）　　　　图 5-25　文臣武将（番禺宝墨园）

（5）文字和吉祥纹样。常见的文字装饰只有"福（图 5-26）、禄、寿、喜"和"卐"等几种，都表示吉祥幸福，几千年来都是广大百姓的生活追求与理想。还有如意纹、云纹、水纹、回纹等纹样，云纹（图 5-27）、水纹，常作龙、凤、鱼等装饰的底纹和陪衬之纹，表现出龙凤遨游于云水间，增添了题材画面的表现力和趣味性。

图 5-26 "福"石雕纹样（潮州龙湖古寨）   图 5-27 云纹（花都资政大夫祠）

2. 石雕的特色

（1）地域性差别显著。由于土著越文化、闽文化、中原文化和海外舶来的各种文化长期交汇，融合，岭南地区产生了独有的岭南建筑特色文化，从而使岭南建筑石雕的形式呈现丰富异彩，变化多端的特点，充分体现多样性的岭南特色。

广州陈家祠是广府建筑艺术的杰出代表，被世人称作"岭南建筑艺术的明珠"。在陈家祠有石雕栏杆中嵌以铁铸通花，用果品题材作细部装饰，给"麒麟玉树"（图 5-28）这一传统题材赋予了"新语言"，当时传统石雕和铁铸工艺的完美搭配是非常少见、大胆又具创意的石雕装饰设计手法，这种与时俱进并结合中国传统石雕艺术的精神值得今天的设计者去学习和模仿。

潮汕石雕在岭南地区颇有名气，罕有像潮汕建筑石雕这样，能够将石雕制作成如木雕一般的效果，甚至为了雕刻一个垂花需要花费一年的时间，雕刻时所用大小铁锥要三十六支，最小的只有铅笔芯大。潮汕石雕沿用传统的四种雕刻方法，同时借鉴潮汕戏剧、绘画等民间艺术形式，在精雕细凿中体现奢华富贵，是一种财富的象征（图 5-29）。此外，还有大面积的石壁及萦绕在柱子上的祥龙，彰显出潮汕石雕的恢宏与精细。

图 5-28 "麒麟玉树"（广州陈家祠）   图 5-29 石花篮（潮州己略黄公祠）

（2）雕刻手法多样性。在岭南石雕中，充分运用了各种石雕技法，如浮雕、圆雕、透雕、镂雕、线刻等多种技法，有的石雕古朴雅致，有的雕刻繁琐而高贵。广府石雕多以浮雕为主要雕刻形式，而潮汕石雕则突出圆雕、镂空雕等多种雕刻形式。广府石雕比较侧重于朴素和创新，而潮汕偏向精致和奢华，把民俗文化融入建筑石雕中，注重音形的意象，展现富贵尊荣，呈现着火热、深沉而又迷信的南国情调。

（3）注重"音、形、意"寓意。陈家祠的"富贵吉祥"石雕（图 5-30），由牡丹花、喜鹊题材组成，牡丹花寓意"富贵"，喜鹊则一直被当作吉祥物。在潮汕地区，有崇拜蛇的习俗，蛇是龙的形象的来源，故潮人改崇尚龙的图腾，潮汕柱子雕盘龙，门罩刻透通雕龙，墙上饰龙云图案，龙成为潮汕老百姓最喜爱的题材之一，如潮州青龙古庙在墙身上雕饰着龙云图案，体现了人们祈求风调雨顺、安居乐业的心愿（图 5-31）。

图 5-30　富贵吉祥（广州陈家祠）　　　　图 5-31　祥龙石壁（潮州青龙古庙）

（四）石雕的建筑载体

石雕讲究造型逼真，表现手法圆润细腻，纹式流畅洒脱。在石雕艺术的众多载体中，石柱、墀头、月台、栏杆、门楼、石狮子、石牌坊和石经幢等兼具结构与装饰双重功能的石构件颇为显眼。

（1）石柱础。柱础就是支撑木柱的基石，具有加固木柱，防潮防腐、减少磨损等功能。石柱有方形、圆形（图 5-32）、六角形、八角形（图 5-33）、亚字形等，还有根据莲花的形状演变而来的形状（图 5-34），上面一般都雕刻有装饰纹样，采取的雕刻手法有阴线纹刻、浅浮雕、高浮雕（图 5-35）、透雕等。因柱础的位置接近人的视线，往往被历代工匠加工成各种艺术形象，表面常做各种雕饰，雕刻精美，形式多样。

图 5-32　圆形柱础（肇庆龙母祖庙）　　　　图 5-33　八角形柱础（东莞南社古村）

图 5-34　花形柱础（佛山梁园）

图 5-35　杨桃高浮雕柱础（广州陈家祠）

（2）墀头。 墀（chí）头中国古代传统建筑构建之一，是山墙伸出至檐柱之外的部分，突出在两边山墙边檐，用以支撑前后出檐。本来承担着屋顶排水和边墙挡水的双重作用，但由于它特殊的位置，远远看去，像房屋昂扬的颈部，于是在这很有限的空间中屋主和工匠却尽情地发挥自己丰富的情感进行雕饰，鲜活了墙头屋顶，表达了对美好生活的向往，对封侯拜相的渴望，对清高雅逸的追求。

墀头石雕的题材有植物类图案，如梅兰竹菊，牡丹，卷草等；动物类图案，常用鹤、鹿、麒麟、凤凰、猴子、马、蝙蝠等寓意明确的动物；器物类图案，主要有四艺图，博古图，与宗教渊源的图案；文字图案，利用汉字的谐音可以作为某种吉祥寓意的表达，常用的吉祥文字有"福""禄""寿""喜"（图 5-36）。

（3）月台。 在古代，赏月之夜上月台是生活中不可或缺的一部分。南朝梁元帝就作《南岳衡山九贞馆碑》："上月台而遗爱，登景云而忘老。"月台是为赏月而筑的台。到后来，月台也意指在正房或正殿前方突出、三面有台阶的台。由于月台一般高出前院天井一定高度，所以有些祠堂在月台三面的陡板石上常作一些雕刻。例如，番禺留耕堂的月台，台基束腰雕刻得非常精美，其雕刻题材有"老龙教子""双狮戏球""犀牛望月""苍松文狸""双凤牡丹"（图 5-37）等，雕刻图案纹饰，线条流畅，刀法精细。

图 5-36　墀头（东莞南社古村）

图 5-37　"双凤牡丹"（番禺留耕堂）

（4）栏杆。 石栏杆，宋代称"勾栏"，多用于须弥座式和普通台基上。石栏杆一般由望柱、栏板和地栿三部分组成。其中望柱又细分为柱身和柱头两部分，望柱柱身的造型比较简单，但柱头的形式种类却有很多。从隋朝至元代的柱头多以雕刻狮子、明珠、莲花，明清则有莲瓣头、云龙头、云凤头、石榴头、狮子头（图 5-38）、覆莲头、水纹头、火焰头、素方头等；龙凤柱头只有皇家宫室才能采用，民间不得使用，因此民间风格的柱头形式相对比较自由。

图 5-38　狮子头（广州陈家祠）

（5）**门楼**。门楼自上而下大体分为三部分：上部门洞两旁凸出墙面的部位称为垛头，中部称为枋，下面称为勒脚。枋又分为上、中、下三部分，枋与枋之间有半圆形线脚浑面作过渡处理，中枋较高，是题字和雕饰的重点部位。在中部的构建雕饰上，一般从住宅门楼的上枋和下枋四边起线，两端作云头等花纹；中枋四边镶边起线，中枋中段四周镶雕花纹，正中部位则用于题字。下枋束腰处设下悬垂花柱和挂落，雕镂细巧（图 5-39）。墙裙部分虽然大多简单雕饰，却起着实际的承重作用，是门楼不可缺少的组成部分。

（6）**石狮子**。中国的古代建筑中，经常可以看到各种各样的石狮子形象。在陵墓墓道的石兽行列中，石狮子往往在被置于墓门前的重要位置以衬托环境氛围。特别在重要建筑的大门两旁也有石狮子，起着镇宅和显示主人地位、威望的作用。宅院门前雌雄石狮的摆放是有讲究的。站在面向大门的位置看，门右边是雄狮，其特点是脚蹬绣球；门左边是雌狮，脚下按幼狮（图 5-40）。这已经成为固定化的模式，为历代所承袭。狮子形象被广泛用在栏杆柱头、石柱础、牌坊夹柱石、石基座、梁枋等位，作为建筑中的一个装饰构件。

图 5-39　门楼（肇庆德庆学宫）

图 5-40　狮子（广州陈家祠）

（7）**石牌坊**。牌坊，简称坊（图 5-41）。在中国传统建筑中，它是一种非常重要的标志性开敞式建筑。石牌坊初期是仿造木牌坊的结构，后来石牌坊的形式变化多样，逐渐形成了不同的地区独有的风格。牌坊的整体布局严谨合理，能巧妙地运用陪衬、对比、烘托、呼应等艺术手法，在达到凸显主次、轻重、疏密、虚实、起伏等艺术效果的同时还减弱了形体的笨重感，从外观上给人一种协调、轻松、优美的感觉。石牌坊雕刻最精彩之处要数明间大、小额枋板上的枋心部分，通常会有"双狮戏球""鱼跃龙门""尺水龙腾""双凤朝阳"等雕刻内容，雕刻得神采飞扬，栩栩如生。

(8) 石经幢。 石经幢是宗教纪念性建筑物，经文主要以《陀罗尼经》为主，一般由幢顶、幢身和基座三部分组成（图 5-42）。经幢上刻有佛教密宗的咒文、经文、佛像等，多呈六角形或八角形。幢顶是展示石雕工艺最重要的一部分，雕饰复杂，通常由宝盖、仰莲、宝珠等组成。石经幢一般被立于佛寺主要大殿前的庭院之中，或者在大殿前庭院两侧。

图 5-41　牌坊（花都资政大夫祠）　　　　图 5-42　石经幢（潮州开元寺）

二、石雕任务实操

实操内容	知识目标	能力目标	素质目标
1. 石雕的制作工具	了解石雕的基本制作工具	掌握石雕基本工具的使用方法	能够灵活进行工具的搭配
2. 石雕的材料	了解石雕的基本制作材料	掌握石雕的基本制作材料搭配	能够灵活根据作品的特点，进行石雕的材料搭配
3. 石雕的制作工艺	了解石雕的制作工艺	掌握石雕的制作工艺	能够通过制作工艺，进行基本的石雕制作，并掌握石雕修缮程序
4. 石雕工地实操	观摩现场石雕的工艺操作	动手在现场进行实操	能够满足石雕的现场制作要求与规范

（一）石雕的工具

石材雕刻必备的工具如下。

(1) 雕塑刀。 用于刮、削、贴、挑、压、抹泥塑和造型。按材料属性可分为 3 种：第一种为金属工具，由钢（发蓝防锈）、不锈钢、黄铜等制成，刀头分斜三角形、柳叶形、卯叶形和箭镞形，有的边缘为锯齿状。第二种为非金属工具，由竹、木、骨、象牙、牛角、塑料等材料制成。大型的刀具形状有鞋底形、墨鱼骨形、拇指形、斜三角形等；小型刀具形状有菱角形、小脚形、球形、条形等。第三种为混合材料——刮刀，可切削造型和做衣纹，有各种圆弧形和方形双面刮刀等。

(2) 石雕凿。 为钢质杆形石雕工具，下端为楔形或锥形，端末有刃口，用锤敲击上端使下端刃部受力，按刃部形状分尖凿、平凿、半圆凿和齿凿。

（3）石雕锤。为敲击工具，用以敲击石雕凿或木雕刀雕刻石、木料，分大、中、小三号。花锤亦是石雕锤，直接以锤面敲击石块，造成粗犷厚重，浑然一体的雕塑感。剁斧用于直接剁砍石面，砍出工整平行的细线，能加强雕塑体面的方向感、韵律感（图5-43）。

（4）石雕刀。一般由刀头、刀把和铁箍构成，依刃口形状分平口、斜刃、三角和圆口刀4种，按颈状分有曲颈、直颈两种，每一类又各有大、中、小三号（图5-44）。

　　　图5-43　石雕凿和石雕锤　　　　　　　　　　　　图5-44　石雕刀

（5）弓把。为雕塑用卡钳。可测量距离，有两个可开合的象牙形卡脚，也可随时改变卡脚的弯度。比例弓把是雕塑放大用的度量工具。

（6）点型仪。为三坐标定位仪，用于复制石雕与木雕。在石膏像上找出3个基准点，用点型仪上的定位钢针对准并固定，利用点型仪上可滑动的部件和万向关节及指针，可对准雕像上任何一个空间位置，把可移动的部件锁定。把点型仪挪到石块或木料上，钢针对准相应的基准点，指针能把石膏像上的点标于石头或木块上，就能准确地复制成石雕和木雕。

（二）石雕的选材

　　岭南石雕工艺的石材包括花岗岩、油麻石、青白石、红砂石、滑石等。

　　（1）花岗岩是熔岩因受到一定的压力而隆起至地壳表层，慢慢冷却凝固后形成的构造石。花岗岩属于岩浆岩，由长石、石英和云母组成，岩质坚硬密实（图5-45）。花岗岩质地坚硬，不易风化，适于做台基（图5-46）、阶条石、地面等，但花岗岩石纹粗糙，不宜精雕细镂。

　　　图5-45　花岗石（广州光孝寺）　　　　　　　图5-46　台基（番禺余荫山房）

（2）油麻石属于片麻状花岗岩，质坚性柔、易于雕刻，特别为广东地区居民所喜爱，如广州陈家祠的石栏杆雕饰，生动地刻画着麒麟、凤凰、蝙蝠等吉祥动物纹样（图5-47）。

（3）青白石（图5-48）的种类较多，有青石、白石、豆瓣绿、艾叶青等，其质地较硬，质感细腻，不易风化，适用于宫殿建筑及带雕刻的石活儿。在广州粤剧博物馆的青白石窗，与青砖搭配营造出一种浓厚的岭南建筑风格。

图5-47　石栏杆（广州陈家祠）　　　　　　　图5-48　抱鼓石（东莞可园）

（4）红砂石在东莞地区建筑上被广泛应用于门和墙基上，是建筑石材中少有的暖色调材质。此外，在番禺留耕堂也发现有红砂石，为典型岭南建筑的冷色系增添了暖色调（图5-49），同时红色在民间也是富贵、富有的象征，这样的搭配是岭南广府地区所独有的。

图5-49　红砂石墀头（东莞西溪古村落）

选择石料时，对石材常见的缺陷也要留意。当选用的石料有纹理不顺、污点、红白线、石瑕和石铁等问题时，要及时处理，而有裂纹、隐残的石料最好不要选用。有瑕疵的石料尽量不要在重要的，具有观赏价值的构件中使用。石料决定了石雕的材质和基本原始形态，最终决定石雕作品质量的，还是石雕的制作工艺和石雕艺人的金石技巧。

（三）石雕的制作过程

选取材料。材料的选择对整个雕刻的过程来说，是相当重要的，要根据所表达的主题和雕刻对象的规模大小来选取合适的石料。

起草稿。在石雕进行雕刻之前，需要雕刻师傅或者工程方提供要做的石雕的样稿。如果是请师傅来设计，师傅就需要在纸面上绘制出要表达的团和花纹，以及他们自己比较熟悉的标记方式。

"**捏**"。在石雕最初阶段的捏就是打坯样，也是创作设计的过程。有的雕件打坯前先画草图（图 5-50），有的先捏泥坯或石膏模型（图 5-51），这些小样便于形态的推敲，避免在雕刻大型石雕时出差错。

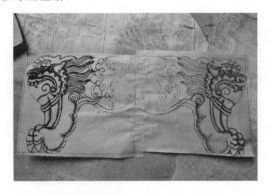

图 5-50　草图（揭阳石雕厂）　　　　　图 5-51　打坯（揭阳石雕厂）

"**剔**"。又称"摘"，就是按图形剔去外部多余的石料。雕刻大型的石雕时，因为石料体积比较庞大，故会用机器来"摘"。"摘"完之后表面若还需除去少部分的石料时，通常会采取"机器湿剔除"（图 5-52），这会便于使切口更加规整且统一，接着要扫除表面沾着的废石料（图 5-53）。

图 5-52　加水剔去石料（揭阳石雕厂）　　　　图 5-53　扫除废石料（揭阳石雕厂）

"**磨**"。石料表面本身就有许多颗粒，需要打磨后才便于雕刻。在"摘"之后先人工粗略地把石料表面最粗糙的那面进行打磨一次（图 5-54），接着用水边淋湿边细磨（图 5-55）。

图 5-54　第一次打磨（揭阳石雕厂）　　　　图 5-55　再次打磨（揭阳石雕厂）

"镂"。即根据线条图形先挖掉内部多余的石料。如肇庆龙母祖庙的龙柱子，变化龙的具体形态，多处镂空，使柱子更具有抽象性。

"雕"。就是最后进行仔细的雕琢，使雕件成型。先勾勒出大体图案的形状（图 5-56），然后用打磨器使图案变得更立体（图 5-57），初步的轮廓完善后（图 5-58），最后还要再细磨（图 5-59）。

图 5-56 勾勒大体（揭阳石雕厂）

图 5-57 打磨图案（揭阳石雕厂）

图 5-58 初步轮廓（揭阳石雕厂）

图 5-59 细磨（揭阳石雕厂）

（四）工程训练

在工地和石雕工厂进行实操，需要提前为学生宣讲工地安全注意事项与安全操作法规，学生需佩戴安全帽，分组进入工厂和工地，有序地跟从教师和工匠进行学习。

工地实操课程安排		
课程内容	课时	任务
1. 工地熟悉与安全讲解	1	了解工地石雕制作的安全知识与操作方法
2. 老师、工匠示范	2	示范工地制作石雕的步骤与方法要领
3. 石雕制作实操	5	进行画稿、粗调与精雕训练
4. 石雕安装训练	2	动手进行石雕构建的安装训练

三、石雕的传承和发展

（一）石雕传承的现状

对于大部分雕刻世家，虽受到新兴文化的强力冲击，可在今天仍然能占有一隅之地，但事实证明，石雕雕刻艺术仅靠家族传承或拜师学艺的方法在现今不断新陈代谢的大环境下已显得岌岌可危，石雕也是众多建筑技艺中断代最为严重的。石雕雕刻技艺在缺少文化支撑的条件下，没有经过条理性的系统的学习和全面性正规培训的能工巧匠，要想成为雕刻大师的可能性是很低的。

石雕除了是一项手工艺，还是个体力活，在雕刻、打磨过程中会有大量的粉尘。新中国成立以后，国家开始重视文化艺术，出现了一批专门设有雕塑学科的艺术院校，但是他们一般只会用泥进行塑造小样，直接拿到工厂去打打样，而自身并不懂石雕。而目前在工厂的师傅们也经常通过现代机器去完成石雕的很多部分，手工雕凿越来越少。所以雕刻技术好的石雕师傅越来越少，甚至岭南地区都不多，需要到福建地区去找。现代人喜欢简约，也比较急功近利，已经几乎没有工匠再利用将近一年时间去精雕细琢，打造一个石雕垂花，所以不会再出现像潮州从熙公祠的石雕那样经典的建筑作品。技术好的石雕师傅现在几乎已经到了退休年龄，而新的一批年轻人很少选择学习传统石雕这个技艺，面对这样的困境，需要更多的有识之士共同努力，进行石雕技艺年轻人的培养。

（二）石雕传承人代表

1. 林飞

林飞，1954 年出生在福州市晋安区后浦村，是中国当代寿山石艺术发展史上一位兼具传统与现代精神寿山石雕刻大师，也是新中国成立后寿山石雕界的代表人物之一。林飞与其父林亨云同为中国工艺美术大师，其弟林东为福建省工艺美术大师，可谓"一门三杰"。少年时期，林飞就跟随其父林亨云大师学习雕刻技艺，掌握了扎实的雕刻基础。十九岁，进入罗源县雕刻厂工作，担任技术骨干，培养了大量的雕刻人才。代表作有《独钓寒江雪》《杞人忧天》《庄周蝶梦》《姜太公钓鱼》等。林飞培养指导了潘泗生、黄丽娟两位国际工艺美术大师，以及陈建熙、黄忠忠、潘惊石、林邵川等省级工艺美术大师和众多寿山石雕人才。

2. 周宝庭

周宝庭（1907—1989），福建后屿人，是著名的寿山石雕刻大师，尤善仕女、古兽题材。在寿山石雕刻艺术道路的探索中，他汇聚了寿山石雕"东门"与"西门"派之精华，在继承传统技法与题材的基础上，逐渐形成具有鲜明个性的"周派"风格。其创作的题材作品有《工农兵》《为人民服务》《解放军学游泳》《牛羊满山岗》等，在晚年还创作了多枚古兽印纽。周宝庭一生尽心钻研中国的传统文化与寿山石雕刻技法，着眼于传统寿山石雕艺术的传承，在激进时代的洪流中以一位文化保守主义者的姿态对中国传统手工艺精神的回应与致敬。

（三）石雕的发展

1. 探索石雕艺术中的艺术价值

石雕艺术中最核心的部分是那些世代相传的中华民族传统文化，这些传统文化背后所隐含有关社会的知识系统、精神指向、思维方式、智慧结晶和文化价值观念，是构成现代设计应用的基础。随着时间流逝，时代变迁，传统石雕艺术在现代设计中通过分离与重构这两种设计方法，创作出具有意义很深的新样式石雕作品，其所蕴含的文化价值不仅仅只是石雕艺术，更是一种精神的传承。

石雕艺术在长期发展中积累了丰富的程式语言，以造型、色彩、构图、材质、肌理等作为石雕的创作元素。"五子登科""四季平安""鱼龙变化"等吉祥图案，都直观表达了中华民族崇尚"中和"的品位选择，偏好用"团圆结构"的故事来营造出人们内心的美好愿愿。岭南建筑雕刻艺术展现了工匠们惊人的设计构图和造型能力，更重要的是石雕艺术题材源于生活，生活习俗结合到石雕艺术的创作中，使得石雕艺术具有更深刻的历史文化意义。

2. 石雕艺术的发展趋势

作为传统文化遗产的岭南建筑雕刻艺术，是现代设计汲取养分的源泉。传统可以作为资源，传统也不是一成不变的。社会的变革给文化艺术带来了新的发展契机，岭南建筑雕刻艺术作为一种传统的手工艺，既可以通过现代设计理念来赋予石雕艺术文化内涵，也可以使石雕艺术得以传承和创新，让石雕不再仅仅只是传统艺术品。

在我们中华民族的传统文化与现代生活相互融合的新时代中，石雕承载着一代又一代匠人的传统工艺文化，需要新一代去认识了解、认识、保护和传承。

课后练习题目

一、选择题

1.（　　）是单体存在的立体拟造型艺术品，石料每个面都要求进行加工，工艺以镂空技法和精细剁斧见长。

　　A. 浮雕　　　　　B. 沉雕　　　　　C. 圆雕　　　　　D. 影雕

2.（　　）是广府建筑艺术的杰出代表，被世人称作"岭南建筑艺术的明珠"。

　　A. 广孝寺　　　　B. 越剧博物馆　　C. 广州陈家祠　　D. 宝墨园

3. 石雕讲究造型逼真，变现手法圆润细腻，纹式流畅洒脱。它的传统技艺始于（　　），成熟于魏晋，在唐朝流行开来。

　　A. 秦　　　　　　B. 汉　　　　　　C. 隋　　　　　　D. 战国

4. 石料表面雕刻有立体感的图像，是半立体型的雕刻品，因图像浮凸于石面而称（　　）。

　　A. 透雕　　　　　B. 浮雕　　　　　C. 镂雕　　　　　D. 圆雕

5.（　　）是圆雕中发展出来，它是表现物像立体空间层次的石雕刻技法，是中国传统石雕工艺中一种重要的雕刻技法。

　　A. 镂雕　　　　　B. 浮雕　　　　　C. 透雕　　　　　D. 影雕

6. 山墙伸出至檐柱之外的部分，突出在两边山墙边檐，用以支撑前后出檐，这部分的名称叫作（　　）。

  A. 悬鱼   B. 雀替   C. 墀头   D. 斗拱

  7. 为了防潮、防雨、防白蚁腐蚀，潮汕建筑的承重部位以（　　）为主，如梁枋、斗拱等。

  A. 砖结构   B. 木结构   C. 土结构   D. 石结构

  8.（　　）就是支撑木柱的基座，具有加固木柱，防潮防腐、减少磨损等功能。

  A. 须弥座   B. 柱础   C. 台基   D. 承台

  9.（　　）一般由望柱、栏板和地栿三部分组成。其中望柱又细分为柱身和柱头两部分，望柱柱身的造型比较简单，但柱头的形式种类却有很多。

  A. 墀头   B. 石栏杆   C. 门楼   D. 须弥座

  10. 岭南石雕装饰艺术中最著名的是（　　），可以看出标榜孝义是中华民族传统优秀的道德与品质，这也对形成和发展地方特色的建筑石雕起极大的推动作用。

  A. 资政大夫祠 B. 陈家祠   C. 从熙公祠 D. 己略黄公祠

  二、填空题

  1. 石雕雕刻技法可以分为_____、_____、_____、_____、_____、_____。

  2. 广府石雕多以_____为主要雕刻形式，而潮汕石雕则突出_____、_____等多种雕刻形式。

  3. 在石雕艺术的众多载体中，_____、_____、_____、_____、_____和_____、_____、_____等兼具结构与装饰双重功能的石构件颇为显眼。

  4. 石栏杆，宋代称"勾栏"，多用于须弥座式和普通台基上。石栏杆一般由_____、_____和_____三部分组成。

  5. 门楼自上而下大体分为三部分：上部门洞两旁凸出墙面的部位称_____，中部叫_____，下面为_____。其中部的枋分为上、中、下，枋与枋之间有半圆形线脚浑面作过渡处理，中枋较高，是题字和雕饰的重点部位。

  三、简答题

  1. 岭南地区石雕的题材有哪些？岭南地区石雕的特点有哪些？

  2. 简述石雕的制作工艺过程。

  3. 石雕的类型有哪几种？

  4. 岭南地区石雕在建筑的哪些部位运用较多？

  5. 简述石雕的传承现状。

  6. 简述石雕在现代发展的趋势。

  四、实操作业

  制作 10 厘米×10 厘米×15 厘米的石雕作品一件，以狮子为题材，设计要求造型丰满，雕刻形象生动，细节雕刻到位。

第六章　嵌　　瓷

1．嵌瓷技艺课程设计思路

嵌瓷，也称"贴饶"是广东潮汕著名的传统手工艺，俗称"聚饶"或"扣饶"。嵌瓷是一种民间建筑装饰工艺主要材料是各种颜色的精薄瓷器，剪取成所要表现对象的瓷片。起初的嵌瓷主要用在祠堂、庙宇及民居"四点金""下山虎"等建筑物的屋顶装饰，后来随着欣赏价值的不断提高，艺人们将其制成便于搬运的艺术品小件经人们欣赏、陈列、收藏。

培训依据"能力核心、系统培养"的指导思想，按照国家级民族文化传承与创新示范专业的要求，制定专业教学标准和课程标准，针对古建筑修缮工程和仿古建筑建造人才的培养，进行岭南传统建筑**嵌瓷技艺教学与实训课程（项目）**的设计。课程采用了任务驱动的教学模式，打造成**文化背景+任务实训**循序渐进的、寓教于乐的训练模式。色彩斑斓、活灵活现的嵌瓷艺术嵌瓷是以绘画和雕塑等造型艺术为基础，运用经剪取的瓷片镶嵌来表现形象的工艺品和建筑装饰艺术，所以需要在教学中渗透文化、艺术、民俗等知识，增进学生对嵌瓷技艺的掌握与创作。

2．课程内容

嵌瓷文化背景	1	嵌瓷的历史发展
	2	嵌瓷的种类
	3	嵌瓷的题材及特色
	4	嵌瓷的建筑载体
嵌瓷任务实训	1	嵌瓷的工具
	2	嵌瓷的材料
	3	嵌瓷的制作工艺流程
	4	工程实操

3．训练目标

使学习者通过文化背景与任务实训学习，具备嵌瓷的材料挑选、修剪瓷片、塑造坯胎、贴瓷片、上彩色和拼接的技术知识与技能，能够进行传统建筑嵌瓷部分的修缮与制作。学习岭南传统建筑技艺——嵌瓷，践行工匠精神，感受深厚的中华传统优秀文化底蕴，弘扬和传播工匠精神，做到坚毅专注、精益求精。

4．课程考核

培训考核成绩=理论成绩（30%）+实训室实操考核成绩（50%）+工地实操考核成绩（20%）。考核总成绩达到 60 分以上合格，并依据考核成绩高低设置优秀、优良、合格三个等级。

一、嵌瓷文化背景

课程内容	知识目标	能力目标	素质目标
1. 嵌瓷的历史发展	了解嵌瓷的历史发展	掌握嵌瓷的历史与发展	能够了解嵌瓷在潮汕地区发展的特殊性
2. 嵌瓷的种类与作用	了解嵌瓷的装饰与实用功能与作用	掌握嵌瓷工艺的种类与装饰作用	能够辨认并根据不同建筑的类型为其搭配合适的嵌瓷题材
3. 嵌瓷的题材、风格特点	了解嵌瓷的题材及特色	熟练掌握嵌瓷的题材和工艺特点	能够轻松辨识嵌瓷的题材，并掌握嵌瓷的作用、特点
4. 嵌瓷的建筑载体	了解嵌瓷的建筑载体	掌握并识别嵌瓷的建筑载体	能够清楚辨别嵌瓷在各部分使用的特点

（一）嵌瓷的历史发展

1. 潮汕建筑

潮汕地区物产丰饶，人口众多，文化多元，开放性强，潮汕建筑在兼收并蓄的基础上逐渐形成了独特的风格特征，特别是建筑装饰中石雕、木雕、彩画等技艺的成熟，为嵌瓷的发展提供了必要的条件。

明末清初，潮汕地区经济稳定，丰衣足食，文化逐渐昌盛，许多侨民在外创业后都会回乡建屋，一方面受中原传统文化的影响，保留中原古建筑的建筑风格，另一方面侨民将东南亚建筑风格也融入到了潮汕建筑之中，形成了潮汕建筑的特色，后又发展形成了"百鸟朝凤""下山虎""四点金""四马拖车"等建筑形制。1944 年的《广东年鉴》中对此有这样的描述："粤有华侨，喜建大屋大厦，以夸耀乡里。潮汕此风也甚，房屋之规模，较之他地尤为宏伟。"潮汕建筑被誉为岭南四大建筑形式之一，是广东地区最具特色的传统建筑。

定期在祠堂中举行祭祀、纪念祖先是潮汕地区民间的一项民俗活动。祭奠仪式隆重而庄严，凡族内子孙都必须参加，这也大大加强了宗族中人彼此之间的联系。在众多的神明当中，最受潮汕人民崇拜的是妈祖。嵌瓷给这些祠堂和庙宇增添了富丽壮观的效果，如开元寺地藏阁屋顶的嵌瓷，将整个寺庙屋顶装点的华丽而端庄（图 6-1）。不论是处于庙宇、祠堂的屋脊正面的龙凤呈祥、双龙戏珠（图 6-2）等图案，镶于檐下墙壁上花鸟虫鱼，照壁上的瑞兽图案，都使庙宇和祠堂显得富丽堂皇。

图 6-1　开元寺地藏阁（潮州开元寺）

图 6-2　双龙戏珠

潮汕祠堂、庙宇上的嵌瓷造型华丽、取材丰富。潮汕农村居民多聚居在沿海平原地带，氏族观念在城乡居民的意识里非常浓厚，依旧保留唐宋世家聚族而居的传统，也就是将宗祠作为整个建筑的核心，其他建筑物依据一定的层次进行排列。乾隆二十七年（1762），潮州知府周硕勋修撰的《潮州府志》中对潮州民居有这样的描述："望族营造屋庐，必立家庙，尤加壮丽。"很多名门望族都不惜花费大量钱财来建造本族祠堂，并且进行大规模的装修，这种风俗现象逐渐成为潮汕人的一种精神传承。潮汕祠堂建筑比起民居建筑更加注重"富丽壮观、类于皇宫"的效果，在风格上追求庄严、华丽、大气。

潮汕民居也普遍采用嵌瓷来装饰（图6-3）。人们一般在房屋正门、过厅大堂、屋脊山墙、门窗格扇、梁架柱枋等位置用嵌瓷进行精美细致的装饰。其中由各种瓷片构成的古装人物、花鸟虫鱼、龙麟瑞兽等造型的嵌瓷，绚丽的色彩熠熠生辉，使民居建筑在外观上看起来异常华丽精美。

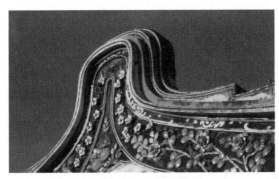

图6-3　汕头民居厝顶嵌瓷（汕头）

2. 潮汕嵌瓷的历史发展

古代潮州的陶瓷产品"白如玉，薄如纸，明如镜，声如磬"，远销海外，令世人瞩目。明代万历年间（1573—1620），一些民间艺人，将陶瓷生产过程中废弃的碎瓷片，特别是那些有釉彩与花卉图案的彩瓷片变废为宝，创造性地利用它们在屋脊上嵌贴成简单的花卉、龙凤之类图案来装饰美化建筑。

清代中后期，瓷器作坊专门为嵌瓷艺人烧制各色低温瓷碗，这些瓷碗有各种色釉，色彩浓艳，经风历雨而不褪色。隶属于潮州市的枫溪区，在清朝时期成为新的陶瓷生产中心，康熙年间已经有陶瓷商号三十余家，到乾隆时期发展为著名的"百窑村"，到了光绪时期，很有名的"枫溪彩瓷"日臻完善，质地洁白、外形雅观、釉面光滑，风格很具有地方特色，枫溪获得了"南国瓷乡"的称号，枫溪彩瓷也成为岭南著名的工艺品之一。嵌瓷艺人将瓷碗进行剪裁之后，把陶瓷片镶嵌、粘接、堆砌成人物、花鸟、虫鱼、博古等各种造型，皆寓吉祥如意、长寿富贵之意，主要用来装饰祠堂庙宇、亭台楼阁和富贵人家的屋脊、垂带、屋檐、门额、照壁等。这时的嵌瓷技艺已经日臻成熟，形成了平贴、浮雕和立体圆雕（俗称"圆身"）等多种不同的艺术手法。在构图造型上，比较看重布局的对称，色彩运用则以对比色达到鲜艳明快的艺术效果。

"嵌瓷"中的"嵌"字是嵌入、镶嵌的意思，嵌瓷也是因这种制作工艺手法而得名。嵌瓷是将各种颜色的瓷片，经过修剪、打磨成为所需的形状，这些修剪、打磨后的瓷片被艺人称为"饶片"。明朝时期的潮汕地区虽然盛产瓷器，但品类多以素色为主，不能满足嵌瓷追求五彩斑斓艺术效果的需求，而景德镇出产的青花和彩瓷，因其绚丽的颜色而被艺人们所采用，因此"饶"在当时指的是嵌瓷所用的材料为来自景德镇的彩瓷，"饶"也是景德镇瓷器的代称，所以潮汕地区会出现"扣饶"或者"贴饶"的称呼。"饶"同时也有富裕、富足意思，符合了当时潮汕人修建祠堂、宅院，用价值不菲的薄胚瓷器作为装饰来炫富显摆的风气。

（二）嵌瓷的种类

嵌瓷主要有平嵌、浮嵌和立体嵌三种。

1. 平嵌

平嵌就是直接在建筑物上要嵌瓷的部位进行粘贴，这种技法适合小型的图案或纹样。粘贴的方法是用草筋灰打底后，勾画出简单的草图，依据设计的要求，选择相应的瓷片颜色，再用调好的糖灰黏合（图6-4）。

2. 浮嵌

浮嵌也称半浮嵌。在建筑物装饰中使用最普遍，可以省略制作坯胎环节，工艺比圆嵌简单。浮嵌通常以绘画图样为基础，采用草筋灰打底，然后用糖灰塑造各式花鸟、人物、动物等的底坯，再用大白灰批平底地，之后上背景色时一般都会趁灰泥未干时完成，这样墨彩比较容易被吸入灰泥中，不容易褪色。浮嵌在空间感和视觉感上比平嵌更加丰富，在技艺上的要求也较高，因此浮嵌主要被用于装饰祠堂和寺庙等华丽建筑的脊背、山花，以及民居的门厅、照壁、屋脊。景观嵌瓷和工艺挂屏也常用浮嵌技法（图6-5）。

图6-4　平嵌（卢芝高嵌瓷工作室）　　　　　　图6-5　浮嵌（青龙古庙）

3. 立体嵌

立体嵌又称圆嵌。圆嵌作品可四面观察和欣赏，工艺复杂，是嵌瓷技艺中最能代表艺人镶嵌水平和艺术成就的一种技法，也是艺人施展才华的最好表现形式。立体嵌大多要制作坯体（体积小的可以直接做），坯体有事先做好再安装上去的，也有直接在屋顶或墙面上搭骨架塑造的。

立体嵌工艺十分复杂，还要分上、中、下不同方法。位置高的是一种嵌法，如屋顶嵌瓷做得太精细，站在地面上欣赏就不好看；位置在中间的也要一种嵌法；还有贴近观赏的一种嵌法。嵌瓷时艺人把剪好的瓷片，贴于灰塑坯胎表面，制作步骤的关键是要从局部开始，瓷片与瓷片之间要紧紧相扣，一片扣一片，一条对一条，一组接一组，所以镶嵌的瓷片有的穿插重叠。最后再根据整体情况进行调整，将颜色、层次、疏密等关系做各方面、各角度的斟酌，使嵌瓷作品最终能够达到惟妙惟肖的视觉效果（图6-6、图6-7）。

图6-6　屋顶立嵌人像（青龙古庙）　　　　图6-7　局部上色（卢芝高嵌瓷工作室）

（三）潮汕嵌瓷的题材及特点

1. 潮汕嵌瓷的题材

潮汕先民在漫长的历史进程中，将中原、闽南和海外等地文化融合在一起，形成了别具特色的民俗风情，这些民俗风情同样也被嵌瓷艺人用嵌瓷技艺展现和传承下来。嵌瓷作为一种地方特色浓郁的建筑装饰工艺，每件嵌瓷作品都是当地不同民俗风情的写照，许多嵌瓷作品都是来自于深受喜爱并广为流传的民间传统题材。嵌瓷所表现的题材，通常是表现喜庆吉祥类的，比如有潮剧题材、海洋水族题材、英雄典故题材、祥瑞动物题材、植物题材和博古题材等（图6-8）。

图6-8　百鸟朝凤

1）潮剧题材

潮剧又称潮州戏、潮调、白字戏、潮音戏，主要流行于潮州方言区域，是一个用潮州方言演唱的古老的地方戏曲剧种。在潮汕，人们的信仰活动往往都与戏剧演出联系在一起，不仅仅是奉神活动，其他各种红白喜事都有戏剧演出，如生日戏、开张戏、丧事戏等。据不完全统计，传统的潮剧剧目多达两千多个。潮汕人喜欢看戏，演出活动一年四季都有，在潮汕几乎村村都有戏班，各种祭祀活动都要邀请戏班演出。直到现在，许多农村也依旧保留着这种习俗，每逢重要的节日，大家便聚集到祠堂前的广场欣赏潮剧。丰富的剧目为嵌瓷艺人提供了大量的创作素材，他们将故事情节植入到嵌瓷创作中，如帝王将相、才子佳人、刀马人物、打斗场面等在嵌瓷作品中表现出来。

　　比较经典且深受欢迎的曲目包括《桃花过渡》《告亲夫》《妙嫦追舟》《秦香莲》《打金枝》《狄青出塞》《狸猫换太子》《玉凤朝堂》《花木兰》《薛仁贵征东》《薛仁贵救主》《一门三进士》《柴房会》《李旦登基》《四郎探母》《十五贯》《包公会李后》《荆钗记》《彩楼记》《昭君和番》《拜月记》《二度梅》《三请樊梨花》《薛刚返唐》《孟姜女》《苏英》《梁祝》《蓝关雪》等，也是嵌瓷艺人经常选择的题材（图6-9、图6-10、图6-11）。

2）海洋水族题材

　　潮汕文化自古离不开海洋，潮汕不仅临海，境内的河流也很多，水产品特别丰富。那些水族类的生物，如鱼、虾、蟹、蚌、螺、海马、墨鱼、珊瑚、水草等（图6-12），都被用作嵌瓷的题材，应用在民居、祠堂庙宇的装饰上，成为潮汕传统建筑中常见的吉祥主题。运用水族题材最多的是天后宫，潮汕人除了农耕外，晒盐、捕鱼也是主要的生产和生活，妈祖是潮汕人水上生活的保护神，所以天后宫水族题材的嵌瓷比较多，制作非常精美。潮汕嵌瓷艺人还喜欢把水族跟其他的题材搭配在一起组合成极富趣味的作品，比如将鱼、虾、蟹等作为八仙的骑乘，不仅题材具有趣味性，造型上也非常具有观赏性。

图6-9　潮剧嵌瓷1（卢芝高嵌瓷博物馆）

图6-10　潮剧嵌瓷2（卢芝高嵌瓷博物馆）

图6-11　潮剧嵌瓷3（卢芝高嵌瓷博物馆）

图6-12　水草与金鱼

3）英雄典故题材

　　明清时期在民间市坊盛行着各种不同题材的小说，如《隋史遗文》《杨家府演义》《西游记》《封神演义》等。随着这一时期的经济稳定发展与繁荣，市民阶层不断发展壮大，出现了用白话文书写的小说，特别受百姓的喜爱和欢迎。这些文学创作中的人物形象、故事情节也被嵌瓷艺人们汲取过来创作嵌瓷作品。嵌瓷艺人从这些故事中提取人物素材，在嵌瓷作品中将两三个人物组合在一起，装饰在垂脊的端头，俗称厝头角（图6-13），人物组群造型动感十足，惟妙惟肖，特别是抬头仰望的时候，在蓝天的映衬下活灵活现。当代嵌瓷大师卢芝高先生也将《二十四孝》（图 6-14）中的孝道故事，创作了 24 个以嵌瓷为载体的半立体嵌瓷壁挂。嵌瓷将艺术和生活进行完美的结合，通过英雄崇拜，教育后辈们要懂得继承和发扬传统美德，做正直的人，在潜移默化中将传统教育深入人心。

图 6-13　厝角英雄人物　　　　　　　　图 6-14　二十四孝之负母逃乱嵌瓷
（卢芝高嵌瓷博物馆）　　　　　　　　　壁画（卢芝高嵌瓷博物馆）

4）祥瑞动物题材

祥瑞动物是民间装饰艺术中惯用的题材，在嵌瓷艺术中同样不可或缺。吉祥图案深受中国人的欢迎和喜爱，慢慢发展为图必有意、意必吉祥的意识形态。吉祥图案本身所富含的文化意蕴总结起来有四种："富、贵、寿、喜。"在嵌瓷作品装饰中也不例外，经常出现的吉祥图案有：五谷丰登、五福捧寿、连生贵子、福寿双全、竹报平安等。另外，在屋脊的装饰中经常也会出现"双龙抢宝"、"双凤戏球"、"双凤朝牡丹"、"八仙八骑"（图 6-15）、"福禄寿"等传统吉祥题材。在照壁上的装饰中经常出现的有麒麟（图 6-16）、虎、狮、象、鹿、仙鹤等吉祥动物形象的题材（图 6-17）。

图 6-15　八仙八骑祥瑞动物屋脊嵌瓷（青龙古庙）

图 6-16　麒麟嵌瓷（潮州开元寺）　　　　　图 6-17　鹦鹉团花嵌瓷（青龙古庙）

潮汕地区是非常重视祭祀信仰的地区，更是把龙奉为吉祥神兽之王。在嵌瓷作品中，经常会出现以龙为题材的作品，而最受人们推崇的便是双龙戏珠了（图6-18），常常被镶嵌于祠堂庙宇正中间的屋脊上。

　　鸡的形象，特别是雄鸡，在我国传统文化中也是不可替代的。古代人民对昼夜的区分来自于报晓的雄鸡。所以人们将鸡与太阳联系在一起，对鸡有强烈的崇拜和依赖感。在潮汕嵌瓷装饰中，鸡通常指雄鸡，代指男阳，男性，表现了男性力量的含义。雄鸡造型的嵌瓷通常会其他飞禽一起组合出现，营造热闹欢腾的场面（图6-19）。

图6-18　双龙戏珠（潮州开元寺）

图6-19　鸡嵌瓷

5）植物题材

　　植物花卉是嵌瓷中最常见的装饰元素，常以盛开的花朵或连绵的卷草来表现富贵吉祥、子嗣延绵的寓意。卷草纹属于我国传统而又极具代表性的图案，包括忍冬、荷花、兰花、牡丹等一系列的花草，统称为卷草纹；卷草纹在唐朝达到顶峰，也被称为唐草纹。在嵌瓷艺术作品中卷草纹多用来象征富贵长久的含义，经常被点缀在山花处（图6-20）。运用了卷草纹的花卉大多层次丰富，颜色对比鲜明，具有画一般的色彩效果。

6）博古题材

　　潮汕人自古对做官的人非常敬重，对儿孙考取功名有非常强烈的愿望。博古题材一般是一些文房用具，象征着儿孙能够热爱学习，积极上进，考取功名，光耀门楣。花篮、香炉、花瓶等静物，也是常常出现在边角处，用以丰富整体视觉效果（图6-21）。

图6-20　花卉（揭阳黄公祠）

图6-21　博古嵌瓷屋脊（青龙古庙）

2. 潮汕嵌瓷的特点

　　（1）色彩艳丽夺目。嵌瓷工艺美术作品久经风雨、烈日曝晒而不褪色，在年降雨量大、夏季气温高且常有台风影响的湿润地区是其他工艺品无法替代的。潮汕嵌瓷应用金木水火土五行色彩搭配的原理，衍生出无数的过渡色，色彩极其丰富。

　　（2）气势恢宏。嵌瓷艺术风格独特，布局构图气势雄伟、匀称合理，线条粗犷有力，设色对比强烈、鲜艳明快，和谐统一。嵌瓷往往作于建筑最上端，体量庞大，绚丽夺目，给人一种敬畏之感。

（3）斗艺提升技艺。在过去的建筑工程中，特别是宗祠、寺庙、富人的大宅院，通常都会请两班或两班以上的工匠队伍参与建造。在一座建筑中，为防止互相模仿和干扰，中间一般会用竹席或幕布来阻隔或遮挡，两班工匠各自施工，完工之后，拆开遮挡物，由大家来评议艺人的技术，手艺胜出的队伍可以得到另外的奖赏。这种习俗使建筑水平、工程质量和手艺技术都达到了比赛的标准，在民间被称为"斗艺"或"斗工"，并且一直流传下来。潮汕地区许多有名的建筑和传世的嵌瓷杰作，很多都是斗艺出来的精品佳作。斗艺的习俗提高了潮汕地区嵌瓷工匠们的技艺水平，在这种竞争激励机制的推动下，潮汕嵌瓷艺术人才济济，名师辈出。嵌瓷工匠在施工时不仅要根据雇主要求，竭尽全力、按质按量完成作品，同时也会悉心指导、尽心培养学徒，为的就是嵌瓷工艺能够代代传承，生生不息，所以在工地上经常会出现父子、祖孙，还有"头手师父""师父工""师仔"等不同称呼的工匠组成的工艺制作团队。

（四）潮汕嵌瓷的建筑载体

宗祠、寺庙、民居等是嵌瓷最重要的依附体，潮汕人好佛，喜善事，又极看重宗亲血缘关系，这些都是当地人愿意花大价钱在庙宇、宗祠上装饰嵌瓷的重要原因。潮汕嵌瓷的载体主要是屋脊、山墙和垂脊与戗脊。

1. 屋脊

在潮汕传统建筑中屋顶装饰的中心是屋脊，它有繁多的名目，如龙凤脊、鸟尾脊、卷草脊、博古脊、通花脊等。

（1）龙凤脊： 在过去很少见。因为在封建时代，是不允许普通老百姓在建筑物上随意用龙凤来做装饰的。如有使用也不是官式龙凤（清代建筑物上的龙凤都有一套固定的模样）。到了晚清之后，管制不再严格，才有老百姓敢这样做，主要还是用在庙宇、祠堂。龙凤脊一般有双龙戏珠、双龙朝三星、双凤朝阳、百鸟朝（凰）凤等式样。为祈求平安，防止发生火灾，屋脊的龙总是以戏水式出现。

（2）鸟尾脊： 也称燕尾脊、燕尾脊翘。燕尾脊位于屋脊的左右两端，由屋脊线脚的两端向外向上延伸翘起，尾部有分叉，就像燕子的尾巴一样，所以得名"燕尾脊""燕仔尾"（图6-22）。在清朝，燕尾脊不是一般人家可以有的，清朝明文规定，只有王室宫廷或是帝后级的庙宇才可以作燕尾脊。但是潮汕所在的位置偏远，管得不够严，在过去的庙宇、祠堂及大户中也有使用燕尾脊的。

图6-22 鸟尾脊（青龙古庙）

潮汕人将鸟尾脊归为火型，怕引来火灾，一般名居不选用。庙宇选用是希望香火盛，祠堂选用则是期望族中人丁兴旺。民间还有另一种说法，只有举人以上的官宅才可以使用燕尾脊，但是现在已经没有这样的禁忌与规矩了。

（3）卷草脊：同样是屋脊两端有上翘，但无分叉，上面用各种连绵不断的 S 形草纹作装饰，称作卷草，卷草纹作为一种中国传统的装饰纹样，其图案纹变化多样、自由，十分灵活，装饰味浓，一般是在庙宇寺院建筑中使用（图 6-23）。

图 6-23　卷草纹屋脊嵌瓷

（4）博古脊：屋脊装饰夔纹，俗称博古（图 6-24），应该是从商周的夔龙纹抽象变化过来的，也是五行之中南方尚水的内涵，具有深远的文化渊源。

图 6-24　博古脊（青龙古庙）

屋脊嵌瓷图案以花草、松竹、麒麟、龙凤、狮马、禽鸟等内容组成各种祥瑞主题，如"七鹤归巢""松鹤延年""三雄图"。如果屋脊采用博古装饰，垂带一般也是用博古式的装饰，使之以正脊匹配，但造型略为简单。纵观潮汕传统建筑物整个的嵌瓷布局，位于屋顶正脊上的嵌瓷作品一般最为大型，也是做得最为精美的地方。因此，当从正门方向正视潮汕建筑时，正脊上的嵌瓷往往最为显眼，最为引人注目。

2. 厝角头

山墙，在潮汕本地俗称"厝角头"。气势恢宏、高耸挺拔的"厝角头"是潮式传统建筑的标志之一。山墙的装饰重点集中在上半部。一般山墙顶采用灰色条砖砌成若干凸线，山墙面（即墙壁面）用灰塑做出几条凹凸线条叠加，使其富有层次感。山墙面的基本做法分为三线，三肚，下带"浮楚"。线指的是模线，窄的为线条，宽的为板线。流畅的板线模线沿前后两边倾泻而下，线与线之间被划分出来一个个被称为"肚"的装饰空间，也叫作"板肚"，里面缀以精致的嵌瓷或半浮雕灰塑。而墙头正中下方成为"肚腰"，肚腰一般装饰是团花图案，被称为"浮楚"，也称"楚花"。山墙肚的装饰根据所选题材的不同，又可以划分为"花鸟肚""山水肚""人物肚"，在同一建筑物中这三种题材间插采用，因装饰技艺要求不同，各种题材选择也有所侧重。采用彩绘或灰塑装饰的多以人物为主，用嵌瓷装饰的多以花鸟蔬果为多，人物题材中尤喜用刀马题材。

3. 垂脊与戗脊

潮汕人称垂脊为"垂带"。垂带本是台阶踏跺两侧随着阶梯坡度倾斜而下的镶边，因为垂带与它相似，潮汕工匠成它为垂带，也就不足为奇了。垂带是中国传统建筑屋顶的一种屋脊，在歇山顶、悬山顶、硬山顶的建筑物正脊两端（即山墙）处沿着前后坡向下延伸部位，而攒尖顶中的垂脊是从宝顶至屋檐转角处。庑殿顶的正脊两端至屋檐四角的屋脊，一说也叫垂脊，但另一说为"戗脊"，在潮汕也有将其称为"翘角"（图 6-25、图 6-26）。潮式传统建筑的戗脊常常被设计为凌空翘起，比屋顶瓦面高出许多，有如大鹏展翅般，在潮汕也有将其称为"翘角"的。翘起的戗脊增加了正面外观起伏变化的艺术形象，上面的装饰是采用"楚花"图案的通花式嵌瓷，也称"楚尾凌空"。

 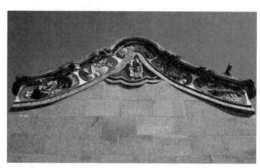

图 6-25　潮汕厝顶嵌瓷 1（网络）　　　　图 6-26　潮汕厝顶嵌瓷 2（网络）

二、嵌瓷任务实操

实操内容	知识目标	能力目标	素质目标
1. 嵌瓷的工具	了解嵌瓷的基本制作工具	掌握嵌瓷基本工具的使用方法	能够灵活进行工具的使用与搭配
2. 嵌瓷的材料	了解嵌瓷的基本制作材料，了解材料的配比与发酵方法	掌握嵌瓷的基本制作材料搭配，掌握材料的配比与发酵方法	能够灵活根据作品的特点，进行嵌瓷的材料搭配，熟练进行材料的配比与发酵
3. 嵌瓷的制作工艺流程	了解嵌瓷的制作工艺	掌握嵌瓷的制作工艺	能够通过制作工艺，进行基本的嵌瓷制作，并掌握嵌瓷修缮程序
4. 工程实操	观摩现场嵌瓷的工艺操作	动手在现场进行实操	能够满足嵌瓷的现场制作要求与规范

（一）嵌瓷的工具

嵌瓷所需工具分为三种，分别为打坯工具、裁剪工具、彩绘工具。根据不同类型的嵌瓷，所用工具也不一样；如平嵌最为简单，一般只需铁尺、灰勺、饶钳这三个基本工具就可以进行创作，而最为复杂的立体嵌则需要用到很多辅助工具。

1. 打坯工具

打坯工具有灰勺、调灰板，以及铁铲或者铁尺，主要作用是打造嵌瓷的底坯。灰勺，平底扁薄，因形似汤勺而得名，泥工必备工具。嵌瓷艺人所用的灰勺有大小之分，一般是配合调灰板一起使用，主要用于抹灰打造浮嵌底坯或者立体嵌坯型。铁尺或铁铲用来敲打瓦片，打造立体嵌作品的主体躯干，为抹灰塑形环节做准备（图6-27、图6-28）。

图6-27　铁钳、铁铲（卢芝高嵌瓷工作室）　　图6-28　灰铲打坯（卢芝高嵌瓷工作室）

2. 裁剪工具

饶钳是嵌瓷特有的工具，用以剪裁、镶嵌瓷片。饶钳有多种规格，以扁口为主，饶钳的夹口为合金制成，锋利且硬度高，适合精细的瓷片剪裁，如果需要大量裁剪时，艺人也会带上铁指环以防划伤。饶钳还是镶嵌瓷片的工具，瓷片如细尖状碎瓷切口有时非常锋利，用饶钳进行镶嵌可避免手指划伤（图6-29、图6-30）。

图6-29　嵌瓷饶钳（卢芝高嵌瓷工作室）　　图6-30　修剪瓷片（卢芝高嵌瓷工作室）

3. 彩绘工具

毛笔和刷子是主要的彩绘工具，主要用于人物头部的绘制和嵌瓷制作后期整体修补、调整和上色。毛笔分大、中、小，刷子以短小刷子为主，主要用于嵌瓷制作后期的上色和去除多余的废泥（图6-31、图6-32）。

图6-31　彩绘笔、颜料（卢芝高嵌瓷工作室）　　图6-32　颜料和石灰水瓷工作室

（二）嵌瓷的材料

1. 瓷片原料

瓷片是嵌瓷工艺的主要原料。在清代即嵌瓷产生初期，瓷片原料主要是陶瓷作坊的废弃瓷及四处散落的碎瓷片，可以从一些年代相对久远的嵌瓷作品中发现，其中的无规则粘嵌状态及废弃的青花碗碟材料居多。嵌瓷发展到清末民初进入兴盛时期，便有专门在瓷厂定制的有色彩及形状要求的瓷片原料了，瓷原料的色彩（釉彩）、样式也丰富了起来，多为碗碟状、瓶筒状，如图 6-33、图 6-34 所示。

图 6-33　嵌瓷原材料碗碟、茶杯　　　图 6-34　嵌瓷原材料花瓶、杯子（卢芝高嵌瓷工作室）

2. 灰泥

灰泥（图 6-35）是制作嵌瓷的重要媒介，主要由糖水灰、石灰、贝壳灰（图 6-36）及草根、草纸等调制而成，作为瓷片粘连物或塑造粗坯及人物嵌瓷单体人物头部（调制成的灰泥有草根灰浆、大白灰浆等几种）。潮汕地区气候湿润，用水泥、沙子、红糖、纸混合搅成的糖水灰泥，对于坚固建筑物墙体以抵挡洪涝潮水和自然侵蚀有极好的效果。同样，这种糖水灰作为嵌瓷粘附于建筑物的媒介，粘附性强，极其牢固。

图 6-35　灰泥（卢芝高嵌瓷工作室）　　　图 6-36　贝壳灰（卢芝高嵌瓷工作室）

3. 颜料

颜料主要选用矿物质颜料，要求耐酸耐碱。为预防风雨侵蚀褪色，颜料均以胶调制而成，一般为母色颜料（红色系、绿色系、黄色系），利用母色调配多种复色，另外灰浆也可以直接当颜料使用，例如脸部的颜料或者眉眼等。

（三）嵌瓷的制作工艺流程

嵌瓷的题材一经确定，就要进入制作阶段。嵌瓷的制作过程主要是分为图稿设计、灰浆调制、塑坯胎、敲剪瓷片、镶嵌瓷片，最后综合调整。嵌瓷艺术以瓷片为主材，采用糖水灰泥作为粘合剂，现代的嵌瓷制作是采用水泥加灰沙的粘合剂，辅以铜丝、瓦片、矿物颜料（现多用丙烯替代）等材料，实际制作中也会根据需要适当采用一些玻璃材质、金属材质或者石材质作为点缀。

1. 图稿设计

图稿设计是嵌瓷艺人对题材内容的样稿设计。设计图尺寸是根据建筑物的整体规格、制式和位置来确定，然后根据业主要求、建筑物功能、地理环境、五行匹配等相关条件来确定设计图的内容。设计图稿有一些是老辈艺人传下来的，有一些是艺人自己专门设计的，手艺精湛的艺人有时会省略设计图稿这一步，直接在墙上画出简单的图形或直接塑形。

2. 灰浆调制

制作嵌瓷坯体的材料主要是各式灰浆、瓦片、砖块、瓦筒和不同规格的金属铁丝、钉子。嵌瓷工艺对各式灰浆的制作要求非常严格，制作过程中不是把一种灰浆一用到底，而是不同的部分要使用不同的灰浆来制坯。主要的灰浆类型包括灰泥、草筋灰浆、大白灰浆、二白灰浆、头面灰浆、糖浆、灰膏泥。传统的糖水灰泥是采用红糖水、糯米粉、贝灰、石灰、草纸等材料混合调制而成。糖水灰泥是灰塑的主要原料，在嵌瓷创作中，它被用来打底或粘合嵌瓷的部件，如定制的人物头部与躯干，龙鳞片和人物盔甲模块的粘贴等。糖水灰泥所用材料均为日常生活易得材料，长久以来作为乡土建筑辅料，具有环保耐用、抗腐蚀性强、粘合性强等特点，适应潮汕地区潮湿多雨多台风的气候特征（图6-37）。由于制作的繁琐和费用较高的缘故，糖水灰泥已较为少见，逐渐被水泥或潮汕人称红毛灰和石灰混合而成的灰泥取代。

图6-37　调制灰泥（卢芝高嵌瓷工作室）

3. 塑坯胎

塑坯胎，俗称"缚瓦骨"（图6-38）。做法是用铜丝或铁丝扎制所需造型的骨架，再用砖条、瓦片剪切成所要镶嵌对象的形状，并用铜丝和铁丝将其固定，扎制时要考虑相应骨架的结构和承受力，以确保坯胎的牢固性。扎好骨架后用草筋灰、混合砂浆在骨架上塑形（俗称"起底"）。首先，需要先用粗铜丝或铁丝制作内心，弯曲成大体的姿态和动势；其次，在主骨架的基础上再用细铜丝或铁丝缠绕，这样一方面使主骨架稳固，另一方面又增加灰泥与骨架之间的黏合力；最后，在骨架表面敷上糖水灰泥，局部嵌入瓦片加固，完成底坯造型。一般立体嵌作品多为预先定制，因而底坯的制作需要拿到建筑物屋顶进行装配，所以立体嵌底坯均需要预埋好金属条方便组装固定（图6-39）。

图6-38　缚瓦骨（卢芝高嵌瓷工作室）

图6-39　塑形（卢芝高嵌瓷工作室）

4. 瓷片颜色搭配

瓷片是最为关键的材料，瓷片的好坏一定程度上决定了嵌瓷作品的好坏，所以瓷片的选择尤为重要。嵌瓷色彩搭配绚丽灿烂，常用的颜色主要是绿、红、黄、蓝、白、黑等，再往细致划分的话就是浅黄、深蓝、白色、浅蓝、茄灰、黑色、大红、橘红、桃红、大绿、二绿、浅绿、深黄等，颜色层次过渡十分丰富，如图6-40所示的揭阳城隍庙屋顶的花卉嵌瓷，一朵花的过渡层次就有5种颜色。嵌瓷艺术里面，色彩搭配会偏绿和红两个色彩，然后配以其他的颜色，用黑白两种颜色做辅色居多。

图6-40　揭阳城隍庙屋顶花卉嵌瓷

5. 敲剪瓷片

敲剪瓷片，俗称"剪饶"。熟练的工匠通常会用钳子敲击或往硬地一甩，依据裂开瓷片的形状用钳子加工剪"饶"，这些大小不同、颜色各异的瓷片必须还要经过修整、磨边，才能成为合适的饶片。现代的瓷料一般是选取精薄的素色瓷器，如盘、碗、碟（有一定形状的瓷器因其本身带有弧度，所以瓷片的剪取正好利用了这个弧度，使瓷片造型显得线条丰富）等。艺人会先用铁尺先将瓷碗或瓷盘击碎成瓷片，然后再用各种不同饶钳就作品需要进行局部剪裁，数量较多的统一形体单体瓷片，艺人一般会事先定制或者加工好，并按颜色和形体分门别类。在粗坯的基础上，艺人会根据个人习惯，用手或者饶钳按造型需要进行镶嵌。镶嵌时，一般遵循"由下而上、由尾而首、由低而高"的规则来提高效率。具体视题材还有具体规则，如平嵌花朵的话要"由外而里",这样有利于把握好花的整体造型;浮嵌花朵则需要"由里而外",等等(图6-41)。

6. 镶嵌瓷片

镶嵌瓷片是嵌瓷最为关键的一道工序,俗称"贴饶"。嵌瓷艺人必须具备一定的色彩基础和造型能力,作品的精致与否、水准和档次都取决于这道工序。嵌瓷的坯体所用的材料、塑造的技法与灰塑相同,坯体塑造技法也与灰塑相近,嵌瓷的技法分为平嵌、浮嵌与立体嵌(也称圆嵌),这最后表面贴瓷的工序才是真正考验艺人的嵌瓷技艺(图6-42)。

图6-41　剪瓷片(卢芝高嵌瓷工作室)　　　图6-42　镶嵌瓷片(卢芝高嵌瓷工作室)

7. 局部上色

明清时期的颜料多采用矿物原料,矿物颜料有颜色持久耐用的优势,但矿物颜料的处理需要花费较长的时间,价格也更为昂贵。现代出于经济实用的考虑,大部分艺人改用丙烯等材料作为颜料,或直接彩绘,或与灰泥一起搅拌。

8. 组合造型

大的立体嵌作品一般都由几个部件组合而成,艺人会分开制作,再做组合,最后把立体嵌作品安装到建筑相应的位置上去。常见的立体嵌作品以人物题材、龙凤题材居多。人物题材立体嵌嵌瓷多由头部、身躯和配件三部分组合而成,头部和配件一般向专门做"安仔"即泥塑公仔的作坊定制,艺人完成身躯部分后再进行组合。一般情况下,人物题材立体嵌作品多事先完成后在到现场装配到建筑上去,而龙凤题材作品大多位于建筑屋脊处,艺人要根据建筑的尺寸比例准备好素材在现场制作完成,局部的配件如宝珠、龙须、龙眼球等则均为事先定制。

9. 综合调整

嵌瓷的工序完成后艺人要从整体构图、设色、层次、疏密、动态、造型等作各个角度去斟酌作品,该增该减反复调整,使作品达到栩栩如生、惟妙惟肖的视觉效果。如果是作为观赏的摆件、壁挂、室内装饰的嵌瓷,必须还要在工艺上做到更加细致,有些工艺品还要加以贴金、描银、钩线,有的还用玻璃珠,胶片点缀,使作品看起来更加晶莹剔透。有些作品根据造型的需要如脸部、手和背景等局部图样仍保留灰塑形式,用粉彩工艺进行勾画、加彩。

(四)工程训练

在工地进行实操,需要提前为学生宣讲工地安全注意事项与安全操作法规,学生需戴上安全帽，分组进入工地，有序地跟从教师和工匠进行学习。

工地实操课程安排		
课程内容	课时	任务
1. 工地熟悉与安全讲解	1	了解工地嵌瓷制作的安全知识与操作方法
2. 老师示范	2	示范工地制作嵌瓷的步骤与方法要领
3. 嵌瓷制作实操	5	进行屋顶、墙面的嵌瓷制作
4. 嵌瓷安装	2	对嵌瓷构件进行安装

三、嵌瓷的传承和发展

（一）嵌瓷的传承现状

随着现代科技的发展，1968 年以后，嵌瓷艺人对嵌瓷技艺进行了改革。用电炉代替原来的木炭炉烧制瓷片；用喷色代替原来的人工刷色；用电动研磨色料代替原来的手工研磨；嵌瓷人物头面，用专门烧制的瓷制品代替原来的灰塑工艺。普宁工艺厂的艺人们还吸取了瓷塑技巧和浮雕特点，把原来由石膏铸成的人头像，精心改成瓷塑头像，使画面更加协调；在调色技艺上，他们大胆革新，创新了火焰红、大铜绿、玉青、丁香紫、正黄、天蓝、结晶等多种色釉，显得清雅艳丽，晶莹透明，生动多姿，玲珑可爱。1977 年，王春潮等艺人还创造了瓷雕分块镶嵌的新工艺，创作了青花浮雕《三星》插屏等新品种。通过这一系列的改革，嵌瓷的制作效率和艺术效果得到了全方位的提高和加强，更使潮汕嵌瓷声誉鹊起，身价倍增。当前，现代楼房的兴起代替了旧式建筑，使得嵌瓷在民居装饰方面逐渐退出历史的舞台，但在祠堂庙宇、亭台楼阁的建设及一些旧文物的修复中，仍然广受青睐，被普遍采用。汕头市的天后宫和关帝庙、饶平的隆福寺、潮阳的双忠庙和灵山寺、揭阳的"莲花精舍"、南澳后宅的前江关帝庙、潮州的开元寺和凤凰洲公园天后宫等文物景观，在妙手修复下，重现了嵌瓷特有的艺术魅力。

（二）嵌瓷的传承人代表

潮汕地区是嵌瓷艺术比较集中的区域，其发展相对来说比较成熟。在社会经济持续发展，生活质量有了很大提升的今天，嵌瓷艺术发展前景日益缩小，但是存在于潮汕地区的嵌瓷，因当地特有的文化和信仰而存在很强的生命力。嵌瓷艺术已经被批准成为国家级非物质文化遗产，而潮汕地区良好的传统和丰富的嵌瓷艺术遗迹，这些都是当地艺人进行嵌瓷创作、传承嵌瓷工艺不可或缺的动力源泉。

1. 潮州的嵌瓷传人

（1）苏宝楼。潮州地区的嵌瓷发展历史最早可以追溯到明末清初，特别是在民国时期达到了一个顶峰。潮州嵌瓷老艺人苏宝楼可以说是这个行业的泰斗级人物。20 世纪末期，苏宝楼老师傅在修复潮州开元寺的工程里面发挥了非常重要的作用，他为开元寺的大雄宝殿、观音阁、地藏阁都进行了不同程度的艺术设计，设计的艺术品艺术价值非常高。苏老先生的弟子众多，其中就包括潮州嵌瓷代表人物卢芝高的父亲卢孙仔。

（2）卢芝高。卢芝高笔名山石，男，1946年10月生于潮州古建筑嵌瓷壁画艺术世家，1964年初中毕业后师从父辈从事古建筑嵌瓷壁画民间工艺，现为国家级非物质文化遗产（嵌瓷）代表性传承人，广东省工艺美术大师，潮州嵌瓷博物馆馆长，芝高嵌瓷艺术研究所所长，潮州市工艺美术家协会副会长，高级工艺美术师，潮州画院画家。

卢芝高属于潮州湖美嵌瓷的第四代传人，岭南传统建筑名匠。其家族文化和建筑息息相关，在父辈的培养下接触和学习嵌瓷技艺，由于他有绘画方面的学习经历，在造型方面比父辈还要精细准确，在色彩的拿捏上更有独到之处。他的嵌瓷技艺非常全面，无论是花鸟鱼虫还是飞禽走兽，或是立雕人物、博古等方面都有极高水平。为了让自己的嵌瓷水平能够更上一层楼，他还在北京大学国画函授班专门学习了两年国画。经过系统的学习和研究，他将国画技巧融入到嵌瓷技艺中，最终形成了自己独特的嵌瓷风格，潮州凤凰洲公园的天后宫的嵌瓷是他的力创之一，其中的"三阳开泰""八仙八骑八童""双凤朝牡丹""三雄图""红梅鹦鹉"等五组造型，形象灵动，该组作品也成为嵌瓷作品的典范之一。

2. 普宁的嵌瓷技艺

普宁地区的嵌瓷技艺据考证由潮汕嵌瓷大师何翔云（1880—1953）始创。何翔云师傅生于广东普宁市。何翔云少年时期跟随家乡的嵌瓷名家陈武学彩画、嵌瓷，并随师傅在潮汕各地制作嵌瓷，潮阳、普宁、揭阳等地都留下了脍炙人口的作品，比如汕头李氏宗祠、普宁流沙的"引祖祠"、果陇的"东祖祠"、胡寨的"郑氏界公祠"等处的嵌瓷作品，至今仍被嵌瓷界的工匠们奉为经典。何翔云19岁时跟随师傅一起与另一大师吴丹成和他的弟子在汕头存心善堂"斗艺"，嵌出了当时让他声名大噪的成名作"双凤朝牡丹"，该作品在工艺表现上巧夺天工，一时间被当地百姓传颂。何翔云先生在潮汕地区有很多的弟子，后形成了许多派别，这当中要属广东普宁赤水的陈氏陈如逊一派比较突出。后来陈如逊师傅又将他的技艺传授给他的儿子，也就是陈氏第二代传人陈宏贤。陈宏贤从小得到了父亲的真传，年少的时候就能制作嵌瓷挂屏等工艺品。20世纪80年代以后，乡村建筑房屋的装饰要求越来越高，陈宏贤就从此专门从事房屋的嵌瓷装饰工作，在普宁地区渐渐小有名气。陈宏贤嵌瓷作品的特点是色彩对比强烈，设计和制作嵌瓷时非常注意与周边环境、房屋主体及陈设相呼应。构图上非常讲究对称、方位、阴阳等变化，人物、动物、花鸟等造型准确，生动逼真。整体设计的布局给人富丽堂皇、色彩鲜明的感觉。1996年，陈宏贤应邀到泰国曼谷为三宝殿和郑王宫制作嵌瓷装饰，由于工艺精细、独特，使普宁的嵌瓷工艺一度在东南亚国家走红。2005年陈宏贤应邀专门为大型园林景观世博园的"江芳园"制作嵌瓷装饰，这次的作品又一次引起了众人瞩目。目前，陈宏贤师傅有多件作品参加由广东省文化厅主办、广东美术馆承办的"第十届广东省艺术节"特展，并被有关单位收藏。

3. 大寮的嵌瓷技艺

许石泉。大寮嵌瓷至今已有一百多年，是潮汕风格与闽南风格相融合的建筑装饰工艺。其中技艺精湛、具代表性的大寮民间艺人是许石泉，许石泉家族也是汕头嵌瓷世家代表之一。许石泉于1906年跟随嵌瓷名师吴丹成学艺，经过不懈的努力掌握了嵌瓷技艺，并通过自身的坚持和创新将嵌瓷技艺发扬光大，并且将技艺传给了子孙和族人，使这门艺术继续传承。许石泉的3个儿子许梅村、许梅洲和许梅三继承父辈的衣钵，将大寮嵌瓷艺术传遍潮汕大地，他们的作品遍布在中国香港、新加坡、泰国等地，并且深受许多国内外人士的喜爱。其中二子许梅洲的嵌瓷作品色彩鲜艳、对比强烈、气势宏伟、布局讲究，1970 年，由他创作的嵌瓷艺术作品《郑成功》被北京博物馆收藏。三子许梅三不仅擅长嵌瓷，而且国画、油画、美术设计、书法等样样精通，是个艺术多面手。1979 年，许梅三和儿子许志华把汕头妈屿岛妈祖庙嵌瓷重新设计，设计出今天看来仍旧突出的标志性嵌瓷作品《鸡群》。

许氏的第三代传承人是许志坚、许志华。他们在潮汕地区的嵌瓷艺术中颇有名气，嵌瓷作品曾多次获奖。许志坚的嵌瓷作品《松鹤图》于 1972 年被送到北京参加"全国民间艺术展"。许志坚主持和参与了汕头存心善堂、关帝庙、天后宫文化古迹的修复任务，还原了一大批历史遗迹。1998 年 5 月，他又应美国休斯敦市潮籍同胞之邀，精心制作了《蛟龙戏水》《老虎带子》两大幅嵌瓷浮雕，从汕头运往美国嵌于关帝庙龙井、虎井壁上，这是潮汕工艺嵌瓷作品首次进入美国，被当地华侨视为潮人艺宝，赞不绝口。现在的汕头敬老院、金沙陵园、饶平隆福寺、妈屿祖庙、南澳县后宅镇前江关帝庙，潮阳双忠圣王庙、灵山寺、揭阳莲华舍等处都有他的作品。

第四代传人为许少雄、许少鹏。许少鹏于继承祖业的同时，在嵌瓷题材、艺术构图、技艺运用、艺术语言的表现上有了新的探索，并取得可喜的成绩。其人物造型更优美，形象更传神，神态更生动，工艺更细腻，并以其意蕴无尽的审美情趣，给人留下深刻的印象。他研究开发的立体摆件、插屏等新形式的嵌瓷作品得到了广泛的好评。并在大寮乡里开设了嵌瓷培训班，教授乡里的年轻人学习嵌瓷，立志把嵌瓷这门技艺传承下去。

（三）嵌瓷的发展

除了传统祠堂庙宇，现在已经很少有人把嵌瓷运用到民居中，嵌瓷的市场逐渐冷清，也意味着嵌瓷需要顺应现代的居住方式进行变革。一些嵌瓷艺人汲取了其他手工艺的长处，将国画技法与嵌瓷艺术紧密结合，并尝试用新的材料与嵌瓷结合，尽可能从不同的角度来提升嵌瓷本身的价值。经过多年的摸索，艺人们改进了嵌瓷的制作技艺，研究出了嵌瓷画、嵌瓷挂屏、立体件、圆盘装饰等嵌瓷形式，让嵌瓷工艺逐渐满足了现代装饰陈设需求。

1. 嵌瓷画

早在 20 世纪 60 年代，普宁工艺美术厂的技术人员就开始对嵌瓷的形式进行了开拓创新，他们把嵌瓷技艺变成了脱离建筑的装饰品，也就是嵌瓷画。嵌瓷画的创作形式是依托中国工笔画，将彩色瓷片运用平嵌、浮嵌技艺，经剪、贴、拼而成。艺人依据设计好的纸稿，用贝灰、草纸、红糖等调匀成灰浆，按物像形态用灰浆塑好坯型；然后针对画稿中物体的每一个部位的不同要求，选择不同颜色的瓷盘、瓷碗敲成瓷片，再用铁钳子进行剪取、磨滑。

2. 嵌瓷挂屏、屏风

嵌瓷挂屏与嵌瓷画在制作技艺上基本相同，即在设计稿画好后，用铁丝等材料在底板上制作骨架，用灰筋与红糖调好的灰泥制作雏形，再用钳子将各种颜色的瓷片剪好，利用平嵌、浮嵌的技艺进行镶贴。制作人物的头部时可先用铁丝、麻皮、灰泥制成坯体，再用面灰捏塑成形，之后人物面部要用颜色及墨彩绘，使头部看起来更丰富和立体。人物的衣纹褶皱部分与装饰纹样，利用染彩、勾线或描金，使线条看起来更流畅，图案更优美；帽、冠及头饰部分需要点缀上红、蓝、绿等颜色的胶片，胶片能够产生熠熠生辉的视觉效果，使整个作品更独具一格。剩余的部分如天地、花草、亭台、树木等，采用直接在底板上彩绘的方式，既衬托了人物形象，又形成虚实对比关系，从而构成一个完美的整体。嵌瓷屏风是在嵌瓷画的基础之上，将中国传统的木质屏风与嵌瓷工艺结合起来，其制作工艺也是利用平嵌和浮嵌的技艺对瓷片进行镶贴。在屏风上使用嵌瓷技艺使屏风的装饰效果更加大气、华丽。嵌瓷挂屏、屏风也因此受到众多海内外国家有关人士的关注和喜爱。

3. 嵌瓷摆件

嵌瓷摆件的制作因其表现形式和搭配材料的不同，而采用了不同的制作技艺。如嵌瓷立体摆件中，嵌瓷人物的衣服配饰等采用的是圆嵌技艺（这里使用的制作工艺与其他嵌瓷作品的制作工艺基本一致），而头、面、手等运用的是灰塑技巧再加以彩绘。如果是圆盘摆件，则在制作技艺上采用了平嵌和浮嵌的技艺，将瓷片粘贴在特制的圆盘上，之后细节的部分再使用彩绘或勾线、描金等技巧。嵌瓷大师卢芝高老先生近些年一直在潜心研究嵌瓷摆件的制作技艺，将灰塑与嵌瓷完美结合，再加以国画技巧，创作出了多件嵌瓷灰塑名作，在 2013 中国（深圳）国际文化博览交易会上获得"中国工艺美术文化创意奖"金奖，作品人物造型逼真生动，栩栩如生，赢得了许多人的关注（图 6-43）。

图 6-43　卢芝高嵌瓷盘（卢芝高工作室）

课后练习题目

一、选择题

1. 过去的建筑工程中，特别是宗祠、寺庙、富人的大宅院，通常都会请两班或两班以上的工匠队伍参与建造，中间遮挡，两班工匠各自施工，完工之后，拆开遮挡物，由大家来评议艺人的技术，手艺胜出的队伍可以得到另外的奖赏，这种习俗在民间被称为（　　）。

　　A. 拼活　　　　　B. 擂台　　　　　　C. 斗艺　　　　　　D. 赛艺

2. 山墙，在潮汕本地俗称（　　）。气势恢宏、高耸挺拔的"厝角头"是潮式传统建筑的标志之一。

　　　　A. 山头　　　B. 厝角头　　　　　C. 大厝　　　　　D. 五行山墙

3. 潮式传统建筑的戗脊常常被设计为凌空翘起，比屋顶瓦面高出许多，有如大鹏展翅般，在潮汕也有将其称为（　　　）。

  A．脊角   B．卷角   C．翘角   D．尾角

  4．嵌瓷所需工具分为三种，以下不属于嵌瓷工具的是（　　　）。

  A．打坯工具 B．裁剪工具 C．彩绘工具 D．雕刻工具

  5．（　　　）是嵌瓷特有的工具，用以剪裁、镶嵌瓷片。

  A．饶钳   B．刻刀   C．剪刀   D．镊子

  6．以下不属于嵌瓷的规则的方法的是（　　　）。

  A．由上而下 B．由下而上 C．由尾而首 D．由低而高

  7．国家级非物质文化遗产（嵌瓷）代表性传承人（　　　），笔名山石，潮州湖美嵌瓷的第四代传人，岭南传统建筑名匠。

  A．许少雄   B．何翔云   C．苏宝楼   D．卢芝高

  8．经过多年的摸索，艺人们改进了嵌瓷的制作技艺，研究出了（　　　）装饰等嵌瓷形式，让嵌瓷工艺逐渐满足了现代装饰陈设需求。

  A．嵌瓷挂屏、圆盘   B．嵌瓷画、嵌瓷挂屏

  C．嵌瓷画、嵌瓷挂屏、圆盘 D．圆盘

  9．为预防风雨侵蚀褪色，颜料均以（　　　）调制而成，一般为母色颜料，利用母色调配多种复色，另外灰浆也可以直接当颜料使用，例如脸部的颜料或者眉眼等。

  A．大漆   B．桐油   C．胶   D．水

  10．传统的糖水灰泥是采用（　　　）、糯米粉、贝灰、石灰、草纸等材料混合调制而成。

  A．红糖水   B．白糖水   C．糖精水   D．盐水

二、填空题

  1．"嵌瓷"中的"嵌"字是嵌入、镶嵌的意思，嵌瓷也是因这种制作工艺手法而得名。对于"嵌瓷"当地人还称为_____或_____。

  2．潮汕文化自古离不开海洋，海洋水族类的生物如_____、_____、_____、_____螺、海马、墨鱼、珊瑚、水草等，都被用作嵌瓷题材，应用在民居、祠堂庙宇的装饰上，这些水族成为潮汕传统建筑中常见的吉祥主题。

  3．_____属于我国传统而又极具代表性的图案，包括忍冬、荷花、兰花、牡丹等一系列的花草，统称为卷草纹；卷草纹在唐朝达到顶峰，也被称为_____。

  4．在潮汕传统建筑中屋顶装饰的中心是屋脊，它有繁多的名目，如_____、_____、_____、博古脊、通花脊等。

  5．灰泥是制作嵌瓷的重要媒介，主要由糖_____、_____、贝壳灰、草根、草纸等调制而成，作为瓷片粘连物或塑造粗坯及人物嵌瓷单体人物头部。

三、简答题

  1．简述潮汕嵌瓷的历史发展。

  2．潮汕嵌瓷有哪些常用题材？

  3．潮汕嵌瓷的特点有哪些？

  4．简述嵌瓷的制作流程。

  5．嵌瓷主要运用在建筑的哪些部位？

  6．描述嵌瓷的传承现状。

7．列举 5 位嵌瓷传承人代表。

四、实操作业

制作 20 厘米×20 厘米×15 厘米的嵌瓷作品一件，以花卉为题材，注重花卉瓷片颜色的过渡，注意作品立体感的塑造，同时注意颜色的搭配和做工的精细程度。

第七章 彩 画

1. 彩画技艺课程设计思路

彩画在中国有悠久的历史，是古代传统建筑装饰中最具特色的装饰技术之一。成语"雕梁画栋"足以证明中国古代传统建筑装饰彩画的重要性。广东地区的彩画主要以桐油彩画、漆画和建筑壁画为主，多数描绘在室内或有遮掩的屋檐下，不会曝晒在阳光下，以延长彩画的保存寿命。彩画的载体主要有脊檩、子孙梁、前福楣、后福楣、五果楣、方木载、小梁木载、屐木载和门。

培训依据"能力核心、系统培养"的指导思想，按照国家级民族文化传承与创新示范专业的要求，制定专业教学标准和课程标准，针对古建筑修缮工程和仿古建筑建造人才的培养，进行岭南传统建筑**彩画技艺教学与实训课程（项目）的**设计。课程采用了任务驱动的教学模式，打造成**文化背景+任务实训**的循序渐进的、寓教于乐的训练模式。由于彩绘是一门与绘画艺术息息相关的传统建筑技艺，所以需要同时开设国画、书法等课程作为辅助，也需要增设一些与国学或传统文化相关的课程，丰富创作的内容与题材。

2. 课程内容

	1	彩画的历史发展
彩画文化背景	2	彩画的种类
	3	彩画的题材及特色
	4	彩画的建筑载体
彩画任务实训	1	桐油彩画的工艺
	2	漆画的工艺
	3	壁画的工艺
	4	工程训练

3. 培训目标

使学习者通过文化背景与任务实训学习，具备彩画的画面基底处理、图案设计、调色、上色、上漆等知识与技能，能够进行传统建筑彩绘部分的修缮与制作。学习岭南传统建筑技艺"彩画"，践行工匠精神，感受深厚的中华传统优秀文化底蕴，弘扬和传播工匠精神，做到坚毅专注、精益求精。

4. 培训课程考核

培训考核成绩=理论成绩（30%）+实训室实操考核成绩（50%）+工地实操考核成绩（20%）。考核总成绩达到 60 分以上合格，并依据考核成绩高低设置优秀、优良、合格三个等级。

一、彩画文化背景

课程内容	知识目标	能力目标	素质目标
1. 彩画的历史发展	了解彩画的历史发展	掌握岭南地区彩画的历史与发展	能够通过联系岭南地区的人文历史,全面了解彩画的历史发展
2. 彩画的种类	了解彩画的装饰与实用功能与作用	掌握岭南地区彩画的种类	能够利用彩画在传统建筑中的作用,进行研究与利用
3. 彩画的题材及特色	了解桐油彩画、漆画和壁画的题材、特色	熟练掌握桐油彩画、漆画和壁画的题材和特色,能手绘出图样	能够轻松辨识彩画的题材,并掌握彩画特点
4. 彩画的建筑载体	了解彩画的建筑载体	掌握并识别彩画的建筑载体	能够熟悉岭南建筑的各部分结构,清楚辨别彩画在各部分使用的特点

(一)彩画的历史发展

彩画在中国有悠久的历史,是古代传统建筑装饰中最具特色的装饰技术之一。它以独特的技术风格、富丽堂皇的艺术效果,给世人留下了深刻的印象,成语"雕梁画栋"足以证明中国古代传统建筑装饰彩画的辉煌。早在东周春秋时期,《论语》中已经有"山节藻棁"的记载,意思是说在大斗上涂饰山状纹样,在短柱上绘制藻类的图案,说明在当时古代建筑上已经出现彩绘装饰。《礼记》中还有"楹,天子丹,诸侯黝,大夫苍,士黈"的记载,说明不同阶层人士居住建筑的柱子,涂饰了不同颜色,表示了一种建筑上的等级制度。彩画原是用来为木结构防潮、防腐、防蛀的,后来才突出其装饰性,宋代以后彩画已成为宫殿不可缺少的装饰艺术。彩画可分为三个等级。

1. 和玺彩画

和玺彩画是清代官式建筑主要的彩画类型,《工程做法》中又称为"合细彩画",仅用于皇家宫殿、坛庙的主殿及堂、门等重要建筑上,是彩画中等级最高的形式。和玺彩画是在明代晚期官式旋子彩画日趋完善的基础上,为适应皇权需要而产生的新的彩画类型。其主要特点是:中间画面由各种不同的龙或凤的图案组成,间补以花卉图案;画面两边用《》框住,并且沥粉贴金,金碧辉煌,十分壮丽。

2. 旋子彩画

旋子彩画俗称"学子""蜈蚣圈",等级仅次于和玺彩画,其最大的特点是在藻头内使用了带卷涡纹的花瓣,即所谓旋子,画面用简化形式的涡卷瓣旋花,有时也可画龙凤,两边用《》框起,可以贴或不贴金粉,一般用在次要宫殿或寺庙中。旋子彩画最早出现于元代,明初基本定型,清代进一步程式化,是明清官式建筑中运用最为广泛的彩画类型。旋子彩画在各个构件上的画面均划分为枋心、藻头和箍头三段。

3. 苏式彩画

苏式彩画等级低于前两种。画面为山水、人物故事、花鸟鱼虫等,两边用《》或()框起。"()"被建筑家们称作"包袱",苏式彩画,便是从江南的包袱彩画演变而来的,起源于江南苏杭地区民间传统做法,故此得名,俗称"苏州片"。一般用于园林中的小型建筑,如亭、台、廊、榭,以及四合院住宅、垂花门的额枋上。

苏式彩画底色多采用土朱(铁红)、香色、土黄色或白色为基调,色调偏暖,画法灵活生动,题材广泛。明代江南丝绸织锦业发达,苏式彩画多取材于各式锦纹。清代,官修工程中的苏式彩画内容日渐丰富，博古器物、山水花鸟、人物故事无所不有，甚至西洋楼阁也杂出其间，其中以北京颐和园长廊的苏式彩画最具代表性。

（二）彩画的种类

岭南地区的彩画主要有桐油彩画、漆画和建筑壁画。

1. 桐油彩画

中国传统建筑木构架自古均采用桐油饰面保护，但地域不同，工匠所采取方法也不同。广府地区建筑木构架一般以原木色为主，表面做桐油防腐处理。岭南地区的桐油彩画以潮汕地区最为出彩，尤其祠堂、庙宇中的桐油彩画，多集中在梁枋部位，彩绘将人们的注意力集中在建筑顶部，为木雕进行彩绘，使得木雕形象更加生动，有的寄托了对于后人的美好愿望，有的使人心存敬畏（图7-1）。桐油彩画作为一种建筑装饰，制作工艺精致，图案设计细密繁缛，特色鲜明。

图7-1 潮州龙湖古寨许氏公祠

2. 漆画

天然生漆是漆树身上分泌出来的一种液体，呈乳灰色，接触到空气后会氧化，逐渐变黑并坚硬起来，具有防腐、耐酸、耐碱、抗沸水、绝缘等特点，对人体无害，如再加入可入漆的颜料，它就变成了各种可以涂刷的色漆，经过打磨和推光后，会发出一种令人赏心悦目的光泽。岭南地区的古建筑木构漆画，从木构架年代推断，多是清中至民国初期真迹。漆画相对桐油彩画更加耗时，技法更加讲究，需要有非常丰富的经验积累。用于建筑的漆艺主要集中在木雕、家具、屏门和匾额上，实施在建筑木构架上的工艺不多见，家具类的选材多用硬质地木材，如樟木或桃木，不需要依赖优质漆面的保护。

3. 建筑壁画

壁画是一种反映民间世俗的壁画形式。岭南地区传统建筑保留较完好，得益于晚清以来岭南地区祠堂、神庙建筑在民间具有崇高地位及民风比较自由。这些壁画作品，代表着当时民间社会的文化风尚和美术水准，蕴含着丰富多彩的文化内容。

（1）广府建筑壁画。广府建筑壁画目前保存下来的多数是在清代、民国时期所作。当时社会凝聚人心的是忠孝仁义的传统文化，这主要体现在祠堂、神庙等传统建筑的壁画风格上。这类建筑在民间社会具有崇高地位，作画者需要具备优秀的画工和渊博的知识，例如道光时的梁汉云，同治、光绪时的杨瑞石、黎浦生、黎天保等。

（2）潮汕壁画。潮汕彩画的渊源是中国彩画技术的支系，具有浓厚的江南如苏式的风格，但又具有浓厚的地域个性。潮汕壁画，本地人称之为称泥水墙画，真正源于何时现已无法确证，潮汕壁画是文化交融的结果。潮汕地区民众对建筑的营造极其讲究（图7-2、图7-3），不论是祠堂、庙宇还是民居，不论从营造还是装饰，都将"潮汕厝，皇宫起"诠释得淋漓尽致。古老的潮汕民居特别注意外墙的白灰细粉，在白粉墙壁上绘上彩画，还配以门匾、石雕、木雕等装饰，使建筑物五彩缤纷，具有高度美感。

图 7-2　甲第巷门楼肚（潮州牌坊街）　　　　　　　　　图 7-3　庐溪特色壁画

（3）客家壁画。梅江流域的大埔、梅县等地在东晋南北朝时期就有客家先民的记载，明末清初，大批客家先民向南迁徙到嘉应州（近泛指梅州市），并形成了世界上最大的客家聚集地，号称"客都"，并在漫长的历史进程中孕育成梅江流域文化。这一时期出现了生土夯筑的客家土楼、围龙屋等世界上独一无二的民居建筑，而客家土楼已被列入世界文化遗产之一。客家土楼、围龙屋及后来发展的合杠屋、锁头屋等各式客家传统民居中都出现了与中华文化一脉相承又相对传统的客家民居壁画。

（三）彩画的题材及特色

1. 彩画的题材

彩画的题材可分为人物、花鸟、山水、书法和龙、狮等。清代、民国广府传统建筑上多有壁画，一般绘在建筑头门里外、连廊、拜堂、后堂里正面和侧面内墙头位置。

（1）动植物。寓吉祥意义的动植物画，如象征平安、多子、福寿的花瓶，葡萄、蝙蝠等动植物。

（2）山水、花鸟等风景。山水画大气磅礴、视野开阔，受到传统绘画的深刻影响。这类壁画多采用传统的重彩设色技法，敷色艳丽。花鸟画（图 7-4、图 7-5）主要有梅、兰、竹、菊、牡丹、芍药、荔枝、喜鹊、鹧鹕、春雁、松鹤等各种传统题材，讲究用笔清丽、纤细，层次分明，线条圆润流畅。

图 7-4　雀鸟配诗图（顺德清晖园）

图 7-5 门头诗词配花鸟壁画（开平自力村碉楼）

（3）历史典故画。历史典故画是以历史上的人物或传说故事为内容的壁画。这部分在清代至民国广府传统建筑壁画中数量较多，信息量也较大，多绘制在建筑头门里外和过厅里的墙上部等显著之处。在内容上继承了汉代以来中国壁画表现传统文化的传统，有中国古代的经典传说、神仙隐士（图 7-6、图 7-7）、文人逸事等众多题材，涉及传统文化的许多方面：既有诗礼传家、科举功名等儒家传统，也有崇尚隐逸、追模虚玄的道风仙踪；既有严肃的经典传说，也有诙谐幽默的历史故事。

图 7-6 竹林七贤（佛山胥江祖庙）

图 7-7 故事人物图（花都资政大夫祠）

（4）门神。我国自古就有五祀之说，"五祀"，即门、户、井、灶、土地五神。据《礼记·祭法》记载，"大夫立二祀，适士二祀，庶人只一祀"，这些祭祀中都包括祀门。泸溪壁画门神主要为秦叔宝和尉迟恭，其造型根据建筑的性质不同而不同，如寺庙门神威武庄严，祠堂门神却是端庄慈祥。

（5）传奇故事题材。以传奇故事为题材的彩画作品有《西方三圣》《钟馗清趣图》《圣贤千古共春熹》《太上老君像》《桃园三结义》《老寿翁》《二十四诸天》《三星图》《五子登科》《孔子讲学》（图 7-8）等，这些壁画中的人物栩栩如生，惟妙惟肖、神韵传神。

图 7-8 孔子讲学（吴义廷作）

2. 岭南彩画的特色

相对古代官式建筑彩画题材普遍贫阙的情况，岭南彩画百花齐放，题材和样式活泼丰富、不拘一格。广府、潮汕、客家等地民居、祠堂上饰有不少极富民间特色的彩画。彩画不仅符合人们的视觉审美需求，更满足其心理需求，这就是彩画的象征作用。岭南彩画的作用可归纳为以下几点。

（1）宣扬礼教。彩画以画作的形式运用于寺庙、祠堂等祭祀建筑中，内容既有仙灵鬼怪，也有生活故事，更有宗教符号，起着抑恶扬善的教化作用，如青龙古庙梁枋上的宗教故事图和达摩面壁图（图 7-9）。岭南地区的建筑以宗族聚居为主要形式，有着浓郁的祠堂文化，祠堂建筑内外的样式、形态、文字、图案和色彩都具有一定的礼教作用，具有一定的象征意义。

图 7-9　宗教故事图和达摩面壁图（潮州青龙古庙）

（2）心理防灾。岭南传统建筑是木框架结构，所以建筑的防火一直是传统建筑中最重要的一项任务，明清彩画采用青、绿为主的冷色调，并常见莲、荷、菱、藕等水生植物纹样，是人们针对木构建筑产生以水克火的心理折射（图 7-10、图 7-11），也有的在梁架上绘制海水纹来表达驱灾避害的愿望。彩画上常见传统文化中的吉祥图案，用来表达美好愿景。如额枋常见牡丹、玉兰、海棠花共用，寓意"玉堂富贵"，椽头的万字纹和雀替上的蝙蝠寓意"万福金安"。

图 7-10　水生植物纹样（龙湖古寨的黄氏公祠）　　　　图 7-11　祥云纹（揭阳城隍庙）

（3）突出岭南文化。岭南彩画颇具地方特色，从彩画的绘制题材之中，常常能够发现其中蕴藏的文化韵味。岭南近海，从对植物写生的题材，到祥云纹、拐子纹的运用，龙凤图案的运用，都经常使用海水纹等象征水文化的纹样，具有鲜明的海洋文化特色。

（4）色彩丰富。岭南传统建筑以青砖灰瓦的灰色调为主，通过色彩的有效运用，使得建筑木构件相映成趣。室内的彩画在色彩选用上，以暖色为主，补充了建筑本身材质所带来的冰冷感（图 7-12）。

图 7-12 梁枋（揭阳陈氏公祠）

（四）岭南彩画的建筑载体

彩画多数在室内或有遮掩的屋檐下，不会曝晒在阳光下。桐油彩画的载体主要有脊檩、子孙梁、前福楣、后福楣、五果楣、方木载、小梁木载、屐木载和门。

（1）脊檩。脊檩被誉为所有木材之母，固有"梁母""檩母"之称，如祠堂绘画八卦系统（图 7-13）、庙宇绘画龙凤图纹等。

图 7-13 子孙梁（潮州龙湖古寨）

（2）子孙梁。因对应脊檩而得名，是脊檩底下的牵梁，彩画布置与脊檩配对或为统一风格，子孙梁中字为梁母图案注释，如脊檩先天八卦对应子孙梁字"元亨利贞"。

（3）前福楣。前福楣位于开间晋阶柱上牵梁，绘画定义建筑空间对进入者的意愿，如祠堂前福楣是"五福画"，寓意吉祥（图 7-14）。

（4）后福楣。开间后金柱神龛上牵梁，代表神祇或祖先的地位，如祠堂前堂后福楣画七员进京，寓意祖先希望所有子孙都能成为骁勇、威武、受人敬畏的国家栋梁（图 7-15）。

图 7-14 前福楣（龙湖古寨）

图 7-15 后福楣（潮州龙湖古寨）

（5）**五果楣。**后堂后库金柱上第一根牵梁，绘画五种以上单数、包括五色的水果，通常在次间，如图 7-16 所示的揭阳黄氏公祠配合开间后福楣的《姜子牙点将》。

图 7-16　五果楣（揭阳黄氏公祠）

（6）**方木载。**后堂与拜亭勾连搭位置之下的水平方向横梁，即两坡屋面水槽之下，为防漏水对木材的损坏，通常选用最结实的木料，为整组建筑最贵的木材，近代有改用水泥的。拜亭是观赏仪式的舞台，方木载自然就是舞台上视线集中的地方，故一般绘画整组建筑物最具价值的彩画，如描绘文房四宝的图案，寓意子孙后代人才辈出、才学八斗（图 7-17）。

（7）**小梁木载。**进深方向支撑方木载，称为小梁木载，此处彩画通常表示两个空间的过渡，由于面积小而且与人视线最短，通常通景绘画相关的人物（图 7-18）、神佛故事。

图 7-17　方木载（潮州龙湖古寨）　　　　　图 7-18　小梁木载（潮州龙湖古寨）

（8）**屐木载。**檐廊滴水柱上的横梁，往外伸出天井的前部分形状是向上翘起样子，被称为"屐"，通常被雕刻成龙头的样子，口吐祥瑞；横梁的后部分被形象称为"屐脚"，也称"屐木载"。后厅前檐廊的屐木载彩画，明间通常画人物画，往两侧次间的"屐木载"上彩画会逐渐简单，通常转成风景、动物或静物画。

（9）**门。**门上的彩画最常见的是门神，门神人物是秦琼和尉迟恭。走进祠堂，正面对着门口，左门神象征秦琼（图 7-19），右门神则象征着尉迟恭（图 7-20）。门神一般是首进最出彩的地方，两扇大门的门神运用五行之色进行华丽的渲染，刻画精美细致，为祠堂增添了许多气势，也体现了门神镇宅的威严。

图 7-19　"秦琼"（揭阳黄氏公祠）　　　　图 7-20　"尉迟恭"（揭阳黄氏公祠）

二、彩画任务实操

实操内容	知识目标	能力目标	素质目标
1．桐油彩画的工艺	了解桐油彩画的基本制作工具、材料和制作工艺	掌握桐油彩画的基本制作工具、材料和制作工艺	能够利用桐油彩画的基本制作工具、材料绘制桐油彩画
2．漆画的工艺	了解漆画的基本制作工具、材料和制作工艺	掌握漆画的基本制作工具、材料和制作工艺	能够利用漆画的基本制作工具、材料绘制桐油彩画
3．壁画的工艺	了解壁画的基本制作工具、材料和制作工艺	掌握壁画的基本制作工具、材料和制作工艺	能够利用壁画的基本制作工具、材料绘制桐油彩画
4．工程训练	了解彩画现场作画的基本步骤与方法	实操掌握搭画架子和彩画的绘制技法	能够在工地现场互相配合完成彩画

（一）桐油彩画的工艺

1．桐油彩画的制作工具

（1）**靠尺**。画工都有一把靠尺，一般是自制的，上面刻度通常是以寸为单位，但主要的用途不是量度，而是让手可以离开画面操作，不会弄脏画面的同时手不会抖。

（2）**毛刷**。制刷材料有牛毛、猪毛、头发，用漆胶起来，按大小需要制作。考虑到桐油的快干性，需要制作比较硬、短、扁的刷子，用来打底、起光（盖光）、画画的刷子均不同。

（3）**毛笔**。画心的画体多是国画，但由于是在木头上作画，一般选用比较硬的狼毫（图 7-21）。

（4）**刮刀**。熟桐油做底色漆，需用牛角批或竹片刮平，现在也有的用不锈钢刀（图 7-22）。

图 7-21　毛笔（黄瑞林工作室）

图 7-22　毛笔、金箔、刮刀、猪血料

2．桐油彩画的材料

（1）生桐油。 桐油作为涂料应用在木材上的历史悠久，考古发现，几千年以前朱丹等一类矿物原料和桐油黑漆等植物油就已经涂刷在木件上了。生桐油（图 7-23）是由桐油树种子压榨出来的油，优质生桐油清澈透明，被称为"白油"，是制成熟桐油的基础材料，熟桐油使用广泛，所以生桐油质量尤为重要。原生生桐油必须经过滤，才能制成纯生桐油。

（2）猪血料。 传统木缝填补材料主要是猪血料（图 7-24），由猪血加贝灰粉、生桐油搅拌而成，猪血的作用是将其他物料凝结在一起。猪血料的调制，是先将猪血过滤之后，加入少许石灰，凝结备用，进行填补木材裂缝的工作时，先用小碗装起预备好的猪血，加入石灰、生桐油继续搅拌，直至干固到仅仅还能搅动的程度，方可使用。新鲜猪血料带有细菌，国家相关规定不宜使用，许多营造工程多改用预制料灰。

图 7-23　生桐油（潮州龙湖古寨）

图 7-24　猪血料（潮州龙湖古寨）

（3）熟桐油。 熟桐油是用生桐油加入中药，以铁锅煮炼制成的黏稠透明油（图 7-25）。液态的熟桐油中加入色粉，经空气干燥后形成固态、不透明、连续的密封硬膜，与底层粘贴牢固，对木材起保护作用，既能作基本刷饰之用，也能使彩画变得更精细。

（4）胶。 制造颜料的方法是将矿物颜料粉末及立德粉，加入熟桐油和骨胶搅拌，原因是：熟桐油包裹着的色粉呈游离状态，会出现颜色不均匀的情况，为了避免色粉在桐油中被稀释剂冲得涣散，加强色粉与底层的粘结，通常会加入适量的胶。桐油入胶会根据需要选择适合的胶料，例如梁架彩画用桐油入胶会选用动物胶，如牛皮胶、驴皮胶、猪脚筋胶、狗等动物骨胶（图 7-26）；壁画桐油入胶则通常多用植物胶，如松树胶或桃胶。

图 7-25 熟桐油（潮州龙湖古寨）

图 7-26 动物骨胶

（5）稀释剂。 熟桐油本身通常会呈现着黏稠状态，不容易加入色粉，因此要加入松节油或煤油等稀释剂。松节油除了作为稀释剂外，对桐油还有催干的作用。以前调颜料用熟桐油，需要 1～2 天时间才会干，现在多加入松香或化学材料催干，提高工作效率。

（6）夏布。 油饰可以直接施于木料上，在木基上包布料作底层也很普遍，以前选用的多是苎麻布（图 7-27），要用的时候将布料泡水，使它变软，工匠俗称这个工序为"包麻布"。现代这道工序用的多是纱布，因纱布薄不用泡水也柔软，所用的粘合剂也相应减少，比较方便，但纱布比较单薄，容易开裂。

（7）颜料。 桐油彩画的颜料与中国文化中所指之"正五色"——青黄赤白黑一致，再加上金色，岭南建筑桐油彩画以鲜艳原色为主。据了解，昔日的颜料是工匠以就地取材的矿物与植物自制而成（图 7-28）。尽管现代颜料的色彩选择很多，但是大多数师傅都坚持传统风格，只用五彩加金，保持传统桐油彩画的色彩韵味。

图 7-27 麻布

图 7-28 天然矿物颜料粉

（8）墨。 在彩画中，墨的作用是勾图纹、勾金箔和绘花心。工匠一般使用自己磨的墨，可以选用优质墨条。优质的墨条所含油烟和松烟质量较佳，其本身胶质含量可以令墨迹留存多年，里面加少许醋，就会耐久而不掉色。现在为求方便，多数工匠使用瓶装墨汁绘画。

（9）金箔。 金箔是用黄金锤成的薄片。传统工艺制作金箔，是以含金量为 99.99% 的金条为主要原料，经化涤、锤打、切箔等十多道工序的特殊加工，使其色泽金黄，光亮柔软，轻如鸿毛，薄如蝉翼，厚度不足 0.12 微米。现在用的金箔含金量一般只有 90% 左右。

3. 桐油彩画的制作过程

根据传统建筑的特点，工匠对建筑进行桐油彩画创作通常是从后厅楹母八卦开始，沿中轴线往前门方向续步迈进。一般先对建筑一进厅堂的脊檩和屋架同时进行彩画，完成一进的彩画后，逐步向后推。

绘制过程具体操作如下。

（1）打底。 批灰打底是彩绘的基础步骤，只有在制作精细的灰底上，彩画才能保存长久。处理方法是先将基层表面打磨平滑，清理干净，刷一道用 3 倍松节油稀释的生桐油，使其渗入一定深度，起到加固基层的作用，干燥后打磨扫净，然后用较细的油灰腻子批一遍（图 7-29、图 7-30），不需太厚，但要密实，平面用薄钢片刮，曲面用橡胶板刮。干后打磨，随后用更细的油灰加入少量光油和适量水调成的材料再批一道，厚度约 2 毫米。干后磨至表面平整不显接头，扫净浮灰，接着刷原生桐油，渗进油灰层中，达到加固油灰层的目的，等干透细磨，便可作画。

图 7-29　批灰　　　　　　　　　　　　图 7-30　打白底

（2）起稿。 绘图放样，基层处理完成后，即可测量尺寸绘制图样。师傅多数会根据不同的建筑类型，结合本地区画派构思预备画稿。先准确量出彩画绘制部位的长宽尺寸，然后配纸，以优质牛皮纸为佳，长宽不够可以拼接。彩画图案一般上下左右对称，可将纸上下对折，先用炭条在纸上绘出所需纹样，再用墨笔勾勒，经过扎谱后展开，即成完整图案（图 7-31）。大样绘完后用大针扎谱，针孔间距二三毫米左右，接着定出构件的横竖中线，将纸定位摊平，用粉袋逐孔拍打，使色粉透过针孔印在基层上，这样彩画纹样便被准确地放印出来。

（3）调色入胶、勾线。 彩画不褪色的最大原因是熟桐油油膜对它起到保护作用，但是色粉本身是不溶于桐油的，所以在调色时通常会加入胶，令颜色和底层粘牢，不怕风干后开裂。不同部位的彩画具体入胶量要变通，也与选用的颜料有关。颜色入胶后，可以在拓印的基础上把图案的边勾出来（图 7-32），在作画时细的线条要加胶，加胶后比较容易画，贴金的部分是用熟桐油，不能用胶。

图 7-31　起稿　　　　　　　　　　　　图 7-32　勾线

（4）填色、描绘。在彩画绘制过程中，师傅起稿完毕，就可以交由徒弟"填色块"。在大体积的木构件上绘上彩画，通常是用分工填色的方法。几个工人可以同时工作，比如说，楹母上彩的时候，通常是几个工人一起填完同一个颜色，等干了以后，所有人就去填上第二种颜色，可以避免同时调几种颜色而导致浪费和颜色不统一。彩画填色习惯是先填比较大面积的颜色和浅的颜色。在彩画细节的地方，需要工匠换成小笔细致地去勾勒和渲染，来突出彩画的艺术效果（图7-33）。

（5）贴金。木材在需要贴金的地方，扫上调好黄色或红色的熟桐油，在快干未干的时候，才好贴金。用于贴金的金油是熟桐油加色粉，通常要使用和金箔相近的色粉，这样就避免即使金箔贴得稍有瑕疵，视觉效果也不至于太显眼。例如，在楹母底下的表面贴上金箔，先将金箔盖纸打开半边，将又薄又轻的金箔，连同前后保护的衬纸一同执起，轻放到需要贴金的部位，然后拿软毛的刷子刷一下衬纸的背后，将金箔贴上，最后拿掉衬纸，就完成一次贴金箔的工序。

（6）木雕上色。桐油彩画结合木雕，在潮汕一带的祠堂彩画中极为流行，就如为木雕"添新装"一样，木雕形象更为生动突出，也象征着祠堂所属宗族的财力和兴旺。现在对祠堂彩画进行修复时，工匠们仍会尽量保持原有的套色，但也喜欢在原色位置的旁边填上一些对比的色调，以区别于原先旧作，使得形象更为活泼生动，最后遍刷光油作为保护。

（7）质量检查。当桐油画表面干后，可用手掌压在上面，利用掌心的热度令油漆面层变软，看是否会呈现出手印，或者把一个热的盘子放上去，没干透的桐油表面会把盘子粘起来。做得好的桐油，即使整个放在热水里面煮，也不会产生任何图案和色彩的变化。

（8）罩光完成。彩画完毕，最后扫上薄薄的由清漆和松节油两种合起来的透明保护层，避免以后扫除时刮花，也可以使完成的彩画看上去更加明亮。经过修缮的祠堂桐油彩画见图7-34。

图7-33 填色   图7-34 潮州青龙古庙彩画

（二）漆画的制作工艺

大漆是漆画的主要原料。大漆又名天然漆、生漆、土漆、国漆，泛称中国漆。大漆是一种天然树脂涂料，是割开漆树树皮，从韧皮内流出的一种白色黏性乳液经加工而制成的涂料，属于纯天然的产品。

　　大漆的自然干燥需要在一个潮湿并相对闷热的环境中进行，需要具备相对湿度约为70%～80%、温度约为 20～30℃的环境，在这样的条件下，漆层才容易聚合成膜，干透后又不易出现裂纹、起皮、起皱等现象，而且漆膜坚硬，具备更好的物理化学特性。闽潮沿海地区春季的气候环境刚好符合这一点，这也就是该区域本身不产优质漆树，却成为全国漆艺胜地最主要的原因之一。

　　1. 漆画的工具

　　（1）发刷。发刷是传统髹漆的特用工具，选用青年女子的长发做成，将头发用发胶梳齐，浆固，然后两边用薄木板夹紧，用胶漆封闭扎紧，干固后再刮漆灰，打磨涂黑后制作完成，用时将木片削斜磨成刀口状就可以使用。现代漆艺制作已经开始使用羊毛刷和猪鬃刷，容易购买，也容易打理。

　　（2）漆画笔。漆画笔可根据绘制过程中色线、涂色、绘染、贴金、撒银粉等不同需要进行选用。一般会制作更适合漆用的狼毫笔，也可以用画笔替代；在现代漆艺制作中，还会用到水粉笔或油画笔（图 7-35、图 7-36、图 7-37）。

图 7-35　水粉、水彩笔

图 7-36　狼毫毛笔

　　（3）调漆板。调漆板犹如油画的调色板，可以用来调色、研磨色粉等。玻璃、石块、抛光砖、夹板等，表面光滑不渗漆就可以用来当调漆板。在使用透明玻璃板的时候，应在下面衬白纸，方便调漆的颜色。在调漆板上调漆，最好用牛角进行研磨，这样做出来的漆画颜料更细腻，颜色更鲜艳。

　　（4）刮刀。刮刀在漆画创作中的用处很多，可以调漆，还可以刮色塑型。刮刀可以用木材、金属（图 7-38）、塑料、牛角等材料制成。牛角刮刀是把水牛角锯成不同的规格，用砂轮或磨刀石如磨刀一样磨薄均匀，水牛角富有弹性，可以用来取漆、调漆及烫刮漆面使之厚薄均匀，又不起刷痕。

　　（5）角刀。牛角刮刀简称角刀，是用水牛角制成的，即把水牛角锯成不同的规格，用砂轮或磨刀石如磨刀一样磨薄均匀即可。角刀富有弹性，可以用于取漆、调漆及烫刮漆面使之厚薄均匀，又不起刷痕。角刀是漆画创作过程中最为常用的一种刀具，它可以在铺好铝粉底子的漆板上刻线、刮出画面的明暗关系，贴蛋壳和螺钿时还可以用角刀进行切割（图 7-39）。

图 7-37　勾线笔

图 7-38　刮刀

图 7-39　角刀

（6）雕刻刀、锥子。 漆艺用雕刻刀种类很多，多使用木刻刀（图 7-40、图 7-41）代替。三角刀刻线，圆口刀刻点，斜口刀划刻，平口刀铲地。锥子、钢针等多为自制，可以划线，形成极精细的效果，也可用铁笔（图 7-42）。

图 7-40　木刻工具

图 7-41　大三角雕刻刀

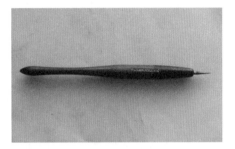
图 7-42　铁笔

（7）水磨砂纸。 砂纸是漆画创作中主要研磨工具，根据画面需要所选用的砂纸粗细不同，常用的砂纸号数为：160#、400#、600#、800#、1200#、2000#。

（8）稀释剂和洗涤剂、其他材料。 松节油是用富含松脂的松木为原料提炼而成的液体，一般 1～2 分钟就可以完全挥发，在漆画创作中一般用作稀释剂，也可用作洗涤剂；樟脑油是从樟树中提取的，它挥发慢，加入漆中可以减慢漆的干燥速度，增强漆的流平性，是一种非常理想的稀释剂；复写纸，最好是红色复写纸，拷贝画稿用。其他材料还包括铁笔、镊子、竹笔、粉勺、脱脂棉、硫酸纸、肥皂等。

2．漆画的材料

大漆工艺的基本材料有生漆、熟漆、水漆、桐油漆等很多样，视施工时的天气情况而决定加入水或其他原料的份量。以工序分析，漆艺由木基层、生漆层、推光漆层以及面饰层组成。由木基层到生漆层，再到推光漆层，统称为漆艺的"基层"，彩绘和镶嵌等工艺均施于其面上，被称为"面饰层"。"基层"的材料主要有木胎、生漆、瓦灰、麻布、熟漆；"面饰层"的材料主要有熟漆、熟桐油、颜料、金箔、罩面漆等。

（1）生漆。 在漆树上割下来的生漆，通常买回来的生漆用木桶盛放，外面有塑料袋包装。买回来之后打开盖子，揭走干固的面层，就应该露出白色的生漆，师傅的经验是，正常的白色生漆一接触到空气，1 分钟左右之后就会变咖啡色（图 7-43），再过一会就变黑色。生漆价格昂贵，通常要过滤掉 30%左右的渣料，才可使用。过滤一般采用质地较细的医用棉花，在底下加 3 层布，将漆倒在中央，再包起来拉长，拿起两边来拧转，过滤后的漆液就流下来（图7-44）。漆液里面的木屑、木皮等杂质就会给筛掉，这样过滤后的漆液比较细嫩，才算是好漆。

图7-43　生漆　　　　　　　　　　　　　图7-44　过滤生漆

（2）牙粉。牙粉是填补和"包麻布"的基本材料。牙粉的原料是瓦片磨成的粉，过筛后，加进生漆，用油漆刀来刮和搅至均匀，形成糊状，就可以用作填补木缝的物料或用作将麻布粘贴到木基层的灰浆。底漆加入牙粉，会干得比漆快，所以不能加入太多牙粉，湿度不同加入牙粉的多少也不同。

（3）夏布。大漆可以直接施于木上，但通常会包上布料作底层。夏布是指细麻布或纱布，与混有牙粉的生漆灰浆粘合，并压紧扎实在木上，使木不会开裂。每包一层麻布都要用灰浆粘合，每层都要用磨刀刮平才能继续。传统做法是在小面积构件上选用较软的布，如纱布，应用在大面积构件时则选用麻布，而且尺寸要整张，取其较大的纤维强度，有效防止冬天开裂。

（4）金箔。金箔可以用来做彩画，选色要配合画面。金箔有红金、赤金、黄金、白金和青金之分，可以在一幅金画上交替使用上述几种颜色的金箔来构图。白金最昂贵，一般贴在贵重的地方，红金多用于户外，在阳光下非常美观；其次昂贵的是赤金，也叫古板金，现时常用的是南京或泰国出产的。出于降低成本考虑，有人用银箔或锡代替金箔，但是时间长了会发黑。

（5）颜料。入漆的颜料都是颜料粉末，传统用的是矿物颜料，而非现代的化学颜料，因而限于红、黄、青等原色。要做一项彩画工程，必要的基本颜料有：石黄、佛青、银朱和赭朱，而绿就用石黄加佛青合成的。古时是没有白色的，匠师就以石黄作白色。

（6）黏合剂。贴金箔需要黏合剂。传统的黏合剂是用"透明漆"加入少量熟桐油（不可超过30%）混合而成的，称为"金胶"。现时市面上有售的"黄油"，价钱比较便宜，但是黄油不是桐油，成分是化学光油，黏度不够，即使掺入少量桐油，也不是很好用。使用黄油的手艺要求较简单，而用桐油的难度比较大。

（7）稀释剂。调和色粉的传统方法是用熟漆加熟桐油，或者单独用熟桐油，可以在显示颜料鲜艳的同时增加油光。只用熟漆，熟漆所带的黑气会掩盖色粉的鲜艳，所以通常只会用色漆。如果桐油浓度过高需要调稀一点，这时可以加松节油。

3. 漆画制作工艺

漆画工艺繁琐，以岭南传统建筑名匠——彩画名匠黄瑞林先生制作金漆彩画的过程为例，主要有以下步骤。

（1）**漆画基层处理**。将木料裂纹以清漆加灰填充，整体刷过一遍之后，用麻布包裹以防开裂，逐层上有色漆（图7-45、图7-46）并层层打磨，最多可达几十层，到 "推光漆"面，作为漆艺基层。有了这个基层才可交与画师绘画或作镶嵌等各种面漆装饰。木缝不太深时，大漆补灰可以用生漆加牙粉；木缝太深的话，要用桃胶填缝。

图7-45 补漆灰（黄瑞林老师作） 　　　　图7-46 上漆

（2）褙布和待干。木基底补好洞隙，干透需要两天时间，然后整体涂上牙粉配生漆的漆浆之后刮平，刮完一次后，就可以开始"包麻布"。大漆工艺都有一道工序是"褙布"，即以生漆调和瓦粉成糊状，将布料粘贴在上面，用宽刮刀平刮至漆浆透出布面，如果不够就再加漆浆，将布底下的漆刮上来，直至刮到布料和漆全部结合好，即布料完全紧贴在木材表面。每次包上褙布和涂上牙粉漆浆之后，都要阴干，再用砂纸打磨，方才可以重复，上足七道，最后一道要改用薄薄的牛角刀鬃光。

（3）退光。上述的七道或五道底漆完成后，最后才能上两道到三道"退光漆"。退光漆是精制过有颜色的熟漆，在最后一道退光漆干透后，用水砂纸打磨，现在有一种适合漆画表面打磨的小型水磨机，通过打磨漆面就会光滑明亮，然后师傅再用牙粉和手心去擦，反复擦至光泽退去。这道工序被称为"退光"。做退光漆时，可加入不同颜色，形成不同的底色，最常见的是黑色和红色。

（4）画粉稿。用画粉把纸稿上的图案拓印到做好的基底上，拓印时尽量细致（图7-47）。

（5）黄金箔筛粉。在描绘和贴金箔之前需要准备好金箔片和金箔粉，尤其金箔粉要筛的非常细腻，在画面上才会融合的自然（图7-48）。

图7-47 画粉稿局部（黄瑞林作） 　　　　图7-48 黄金箔筛粉

（6）上漆、描漆。对于金漆彩画，上的漆叫作油胶漆。油胶漆的做法是用透明漆加少量熟桐油，透明漆和熟桐油的比例是3：1，在阳光下人工搅拌一周，就变成"油胶漆"，也称作"金胶油"。金胶油中可加入红或黄色粉，可以用来画图纹，上扫金粉，也可直接用于贴金箔，有色的金胶油上的金色会更亮。描金时要用金粉调和油去化开，这里的油指的是一般贴金用的底漆油，也称作金漆油，通常做法是用熟桐油加大漆，大漆和桐油的比例是3：2，也可用此油调色粉彩绘。按照起稿的形状用毛笔沿着轮廓线绘制，细致勾勒图案的轮廓（图7-49）。

（7）贴金、扫金上漆。画完后，在需贴金箔的地方，沿着外轮廓用金胶油打底，在金胶油快干未干的时候，将金箔贴上，用软毛笔压平，然后用铁笔沿图纹边缘刻掉不需要的金箔，再用软毛笔清扫多余的金粉、金箔，收起另用。贴金的底漆也要等快干未干的时候去贴，所以要放在阴凉通风的地方搁置一会儿。金胶油五成干的时候，内里硬度不够，金贴上去，再用刷子刷一下的话，金不耐擦，而且会没有光泽。扫金在两种情形下使用：一是用金胶油画好图纹，扫上金粉（图7-50）；另一种是给木雕上金。

图7-49　上漆描漆（黄瑞林作）　　　　　　　图7-50　扫金

（8）铁笔刻画勾线。铁笔画是漆画中需要最高技巧的工艺。首先在加工完好的漆板上打好草稿，然后描朱红色的金地漆，后扫金粉、描金线，线条粗细表达出来后，用不同的金粉表达人物、植物、山石等不同的质感，最后精致的地方用尖尖的铁笔勾画（图7-51）。铁线描的具体操作是：在整体一片的金箔上，利用尖的铁笔（即以前刻油纸、刻木的笔，小刀、木雕刀也行）按线条把金箔划破，露出底下的黑色，成为精美的细线。比如画人脸，贴好金后要用铁笔去把眼睛等五官细致地表达出来，也可以勾画衣服上的纹样。

（9）晕金。这种绘画方法类似国画中的晕染，主要表现一种面的虚实变化，一般在塑造远山和建筑等大场景时运用。方法是先用金漆油打底，然后将级细金漆粉置于透明塑料纸片上，并且将塑料纸根据需要剪成要渲染的图形样式，用软头笔轻轻地分层次晕染。此种方式能够较快地大面积上金，且能通过金粉的厚薄做出丰富的层次，如图7-52所示，是金漆彩画名匠黄瑞林老师在作画。

图 7-51　铁笔勾勒衣服轮廓　　　　　　　　　图 7-52　晕金渲染

（**10**）**罩漆完成**。观察完成的最好效果，待油漆彩画干透罩桐油加以保护。

（三）壁画的工艺

1. 广府壁画工艺

（**1**）**创作画稿**。行话叫作"摊活儿"（把工作摊开的意思），开始时，把绘制的故事，例如"佛本生故事""法华经变""普门品"等，用一种用细柳条烧成的细炭条直接在壁面上起稿，一手持炭条，一手持手帕，随画随改，随着画师丰富的想象力，把人物故事，一幕一幕地展开，摊完后，统观一下全局，小有修改，就开始落墨。

（**2**）**"落墨"**。落墨"即勾线，由高手画工担任这一任务，按照炭条的轮廓勾墨线，遇有需要修改之处，在勾线过程中改正过来。

（**3**）**着色**。行话叫"成活儿"，画工有句谚语叫"一朽，二落，三成管"，用现代语说，就是第一步起稿，第二步勾线，第三步着色。着色的第一阶段，由主稿画师按照画面情节规定整个墙面总体构图的布局和色调，根据主题人物和情节的需要，决定色彩调子的安排。这一工序很重要，它是决定壁画色调气氛全局的关键，以及整个壁画的综合艺术效果。

有些壁画幅面宏大，常常需要很多人同时参与绘制，这就要求主绘画师来统揽全局，规定题材内容所应配备的色彩，把画面上的人物，注明着色"代号"，使协助绘画的画工心中有数。所谓"代号"，是代表一种色彩的符号，这些简化的符号省去了写繁体字的时间。这些"代号"是：工红，六绿，七青，八黄，九紫，十黑，一米色（米黄）、二白青、三香色（茶褐色）、四粉红（玫瑰红）、五藕荷（紫色）。主绘画师按照不同人物地位的需要，用代号分别注明，例如画中人衣服需要涂蓝色，便注上一个"七"字，如是浅蓝，注上"二七"（即稍浅的意思），再浅的蓝，就注上"三七"（更浅的意思）。助理画工便可按照"代号"把各种不同的色彩分别涂上去，画工们把这种办法叫作"流水作业"。

2. 潮汕胪溪五彩壁画

胪溪五彩壁画的工艺流程十分讲究，从工具，准备原材料、批灰到上灰膏、绘画创作，以及最后的刷漆。下面以胪溪五彩壁画工艺流程为例进行介绍（本部分照片摄于吴义廷工作室）。

（**1**）**壁画的工具**。在绘画之前，壁画师们要准备所使用的工具材料：大灰刷（图 7-53）、

小灰刷（图7-54）、起稿毛笔（图7-55）、小毛笔（图7-56）、勾线笔（图7-57）、铺色笔
（图7-58）。壁画师都有一把自制的靠尺，一手执靠尺，一手作画，这样可以保持手部脱离画
面，不会弄脏画面的同时手也不会抖，其他的工具材料是根据壁画师的不同需求各自备用。

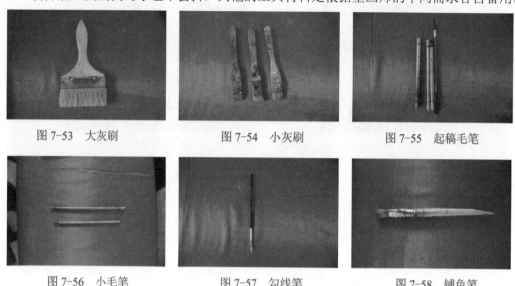

图7-53　大灰刷　　　　　　　图7-54　小灰刷　　　　　　　图7-55　起稿毛笔

图7-56　小毛笔　　　　　　　图7-57　勾线笔　　　　　　　图7-58　铺色笔

（2）**壁画的材料**。纸灰泥的制作。首先要把提前选好的贝壳烧制成贝壳灰，筛好的贝
壳灰粉进行两次泡浸两次过滤，每次泡浸需要十几个小时，然后把过滤好的贝灰泥晾晒干，
加入适量的优质发酵纸搅拌成膏状（图7-59、图7-60），做成球状并浸入清水中（这样做会
使白灰中的酸碱度中和），最后将白灰捞出放进容器里，加入熬制好的浓红糖汁搅拌，直至
搅匀。

图7-59　发酵纸图　　　　　　　　　　图7-60　发酵好的贝灰浆

（3）**壁画的工艺流程**

批灰。壁画师特别注重墙壁贝灰批涂这一环节。壁画师选择好需要绘画的墙壁，在作画
前要先在墙上用批灰刀批刮上纸灰，一定要把纸灰批刮均匀平整，并做上立体线条，如同画
框一样的形状。待纸灰差不多有六七成干的时候，然后再刷上灰膏水（灰膏水是用过滤布、
纱布过滤纸灰而成的）。

创作。上灰膏水后，再按照绘画区域的大小构图，同时听取主人的要求或提供的图案来
布置作画，然后壁画师先用木炭条构图再用笔墨来创作。泸溪五彩壁画所用笔法是师承唐宋
时期的画风，采用铁线描画法构图（图7-61），待墨水吸收后，壁画师再上色，颜料主要是各
种天然有色矿物（图7-62），这些颜料要求具有耐酸、耐碱性能，才能适应沿海潮湿的气候环

境。颜料要加入牛胶或胶调制而成，一般有母色颜料，然后利用母色调配多种复色，主打色以靛、青、红、紫诸色彩为图案。

图 7-61　打稿描边

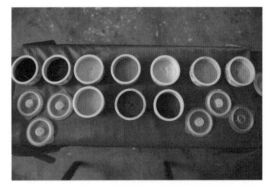

图 7-62　矿物质颜料粉

描绘、上色。这个阶段很重要，也富含泸溪壁画上色的技巧。绘制和渲染使用不同的笔锋，一般先上浅色，然后再上加墨汁，逐步加深。在大型壁画中，需要先对同种色块的颜色进行分区标记，然后将同样的颜色一次性上完，如图 7-63 所示，师傅正在将画面中的金色一次性上色。

图 7-63　工地现场上色

罩光。经过渲染和补图后，壁画基本完毕，最后扫上薄薄的一层清漆，形成一层透明保护层，使壁画看上去比较明亮，还可以防止刮花。待清漆干后，壁画作品才算完工。

3. 客家壁画工艺

客家民居的壁画采用工笔或白描画法，墨线勾勒轮廓，以线描为主。风格大多继承了南派以及宋代以来的清淡和典雅。画面工整细腻，富于装饰性。用色清新悦目、明快淡雅，以色助墨光，以墨显色彩。其中，人物壁画多以全身形象为主。多个人物在一幅画内也讲究疏密聚散、相互呼应及姿势的变化，不显雷同与呆板。

创作。首先要根据主人的要求，制定好壁画的题材类型。遇到文化素养较高的屋主，还要通晓历史文化，以某一历史故事为线索进行壁画设计。例如张榕轩故居里的壁画，大部分以历史题材为主。

绘图。按照主题设计好构图、制作灰塑骨架，先用铅笔在墙壁框出作画的位置，用淡淡的色彩线条勾勒出壁画的雏形，而后再用石墨作为黑线的颜料，按照勾勒的线条进行加深。

上色。当一幅壁画的雏形完成之后，就要根据框架着上不同的颜色。壁画大多选择矿物颜料，这一步中最重要的是颜料调制。客家传统壁画彩绘颜料一般选取天然植物或矿物性颜料，如银朱、松烟、石青、佛青、石绿、黄丹、藤黄、雄黄、赭石、朱砂等，工匠会根据天气湿度决定绘、停时间，让颜色变干"吃"进作品里。油漆彩绘壁画，则较多采用大红、黄、绿、蓝等较鲜艳颜色，图案瑰丽，色彩鲜艳，富有喜庆气氛。有些壁画还要贴上金箔，流光溢彩，具有强烈的装饰和美化功能。客家传统壁画色泽自然温润，不少外墙壁画虽历经风雨，色彩鲜明依旧，展现出浓郁的客家民俗特色。

民居建筑壁画基本都是现场制作，不需烧制，多采用平面描绘，立面塑型相结合的艺术方法，画作因势延展，伸收有度，高低变化、对比强烈、精致细腻、色彩明快，其义易见，意在祥和。

（四）工程训练

在工地进行实操，需要提前为学生宣讲工地安全注意事项与安全操作法规，学生需佩戴安全帽，分组进入工地，有序地跟从教师和工匠进行学习。

工地实操课程安排		
课程内容	课时	任务
1．工地熟悉与安全讲解	1	了解工地彩画绘制的安全知识与操作方法
2．老师示范	2	现场绘制彩画的步骤与方法要领
3．工地搭画架	2	示范安全搭画架的方法
4．屋顶、墙面彩画制作实操	5	进行屋顶、墙面的彩画构图、填色

三、彩画的传承与发展

（一）桐油彩画的传承与发展

桐油彩画在岭南传统建筑，尤其潮汕建筑中仍在大量使用。潮汕地区的宗族文化使得潮汕地区存在大量的祠堂，这些祠堂不断修缮，所以桐油彩画工艺能够较好的保存。目前，能够进行古建筑修缮中桐油彩画的工匠大多已年近半百，很少有年轻人投身到桐油彩画的学习和研究中。现代年轻人大多学习国画、油画专业，很少有人选择古建筑中的彩画作为发展方向，当这些年龄较高的工匠退休后，桐油彩画从业人员就会出现断层。

目前，桐油彩画工匠主要靠祠堂的修缮为生。因为桐油彩画依附于建筑，所以并没有被人们作为一种艺术而广为认可。受祠堂修缮的造价所限，使用的颜料和油料都不及从前，彩画质量也大不如前。由于现代工匠对传统文化接触较少，文学、艺术和书法艺术性偏低，所以桐油彩画作为岭南传统建筑技艺中极为精彩的部分，面临着诸多困境。希望能拓展桐油彩画的使用空间范围，让这种极具岭南民俗特色的绘画形式得到广泛的传播。

（二）漆画的传承与发展

1．漆画的发展状况

据调研得知，潮汕地区已经很少有木构架上遗存有祖辈留下的精湛漆艺。建筑漆画由于工艺的复杂程度高，对工匠的技术要求高，且耗时长、成本高，已经很少去使用。目前在祠堂修复过程中，一般彩画会运用桐油彩画对建筑顶部空间进行描绘，几乎不用金漆，只有家具和牌匾还会使用大漆工艺，漆画建筑工艺面临失传的危险。

关于漆艺，现在各大艺术院校都有专门的"漆画"专业，但基本是对现代漆画的研究和创作，没有人专门会绘制传统的建筑漆画，所以现代漆画属于"学院派"。而潮汕建筑漆画属于民间建筑工艺，但从技法上来说现代漆画与建筑漆画有着很多共同点，如果开设漆画专业的院校，能更多地关注中国特有的建筑漆画，培养一些传统建筑漆画的学生，这种富有中国传统民俗特点的工艺就能保护和传承下去。

2．传承人

黄瑞林，1959 年生，揭阳渔湖人，民间彩画、嵌瓷艺人，工艺美术师，省级非物质文化遗产彩画项目代表性传承人。曾被授予"中国营造彩画技术名师"荣誉称号。他出身于揭阳黄氏彩画世家，从小师从父亲学习民间彩画传统建筑装饰技艺，练就了一身精湛技艺。他的彩画制作主要以金漆画和五彩彩绘漆画为主，2016 年，获得首届"广东省传统建筑名匠"称号。

经过 20 多年的磨炼和积累，黄瑞林通过参与各地的传统建筑修复与建设，成为一位集彩画、泥塑、灰塑、嵌瓷等技艺为一身的民间艺术家。他参与修建的传统建筑遍布潮汕各地及闽南地区，其中包括揭阳市侨林双忠庙、揭东县风门径三仙庙、潮阳孔子庙、福建雷音寺、汕尾市陆丰妈宫等。近年来，他的彩画、嵌瓷作品多次参加各级艺术展，如中国工艺美术大师精品展、广东省民间工艺精品展、揭阳市民间工艺美术精品展等，并被评为"中国营造彩画技术名师""揭阳市非物质文化遗产彩画项目传承人""广东非物质文化遗产彩画项目传承人"。面对诸多荣誉加身，黄瑞林并没有停下创作的步伐。他认为荣誉只代表过去，他更希望这门独特的潮汕工艺后继有人，一直传承下去。黄瑞林的作品见图 7-64、图 7-65、图 7-66、图 7-67。

图 7-64 教子刘芳图

图 7-65 黄河阵

图 7-66　郭子仪遇月华（黄瑞林工作室）　　　图 7-67　甘露寺看新郎（黄瑞林工作室）

（三）壁画的传承与发展

1. 汕头胪溪壁画的传承与发展

胪溪壁画是别具一格的建筑装饰，具有鲜明的地方特色的建筑装饰，是我国工艺美术的一枝奇葩。胪溪壁画属家族式传授，随着时代的发展，已经传承到第四代。值得庆幸的是胪溪壁画的传承保护得到了政府有关部门的重视和支持，目前泸溪镇已初步建成传承基地，由胪溪壁画第四代非遗传承人吴义廷担任导师指导培训壁画爱好者和学生，以传承胪溪壁画艺术。

吴义廷。笔名烈波，1969 年生，汕头市潮南区人，壁画世家，省级非物质文化遗产胪溪壁画项目代表性传承人，"广东省传统建筑名匠"。其壁画、国画作品经常参加各地各级展览交流，并进行现场创作，获誉无数。参建潮汕、闽南各地祠堂庙宇等古建筑项目的壁画工程。曾应邀担任广州市第二届建筑技能大赛特邀嘉宾，还曾获中国画院采风团登门专访。从其太爷爷吴海清到爷爷吴木坑，再到父亲吴文雄，吴义廷的家族从事壁画已经走过了一百多年的风雨，吴义廷是胪溪壁画的第四代传承人。

吴义廷从小就喜欢画画，在家庭的熏陶下，19 岁时就独自到北京、上海等地游历学习，专门观察、临摹、研究各地庙宇、宗祠、亭台楼阁等古建筑装饰壁画、彩画艺术，增长人生阅历，学习北派彩画的长处。他 22 岁时开始独立作画，承担庙宇、宗祠和风景区的壁画工程。胪溪壁画艺术渊源深厚，工艺流程复杂，绘画时构图严格，用色、画工精细。深耕壁画技艺30 余年，吴义廷在壁画艺术道路上始终虚心学习，从未懈怠。他的壁画画面布局端庄大气，线条勾勒粗细有致自然流畅，人物脸部表情、衣褶变化、手指及动作都具有独创性，山水、奇花瑞果等都色彩绚丽、造型生动。

2. 客家壁画的传承与发展

由于壁画对建筑墙壁的天然依赖性，随着祠堂、古庙维修、翻新、改建，这些散落在民间的壁画很可能将逐渐消亡，目前一些翻新后的祠堂里已经没有一幅清代、民国壁画，传统壁画的保护、记录已经迫在眉睫。传统壁画作为历史遗留的珍贵图像资料，具有极强的学术研究价值。它体现了当时民间文化的深度和广度，弥补了传统官修史书和方志等历史文献的不足，是不可替代的反映岭南民间和市井风情的历史记录。由于当时壁画家习惯在壁画上落款，因而使这些壁画在今天成为具有确切年代的历史文物。传统壁画由于题材和表现手法的限制，较少使用在现代建筑中，多数依存于古建筑的修复和仿古建筑中，发展空间有限，所以客家壁画人才的培养面临很大挑战。

梅州传统壁画匠人吴梓模，1946年出生于马来西亚，1952年回到梅县南口老家。吴梓模从小喜欢画画，受到学美术专业的舅舅影响，经常会阅读很多美术方面的书籍，后在父亲的指引下，练习书法、绘画；而后开始自己琢磨各种画法，水墨画、油画等，只要吴梓模感兴趣的，都会静下心来对其进行研究。一有机会，吴梓模就会跑去其他人的家里，偷偷学习其他画匠的技术，所以在他十六七岁的时候，因为画工技艺好，已经有不少人邀请他绘制壁画，加上他的勤奋、好学、为人谦和，渐渐在壁画行业出了名。

吴梓模非常喜欢阅读，古今中外的典故，信手拈来，画起历史人物的故事来更是得心应手，即使到了古稀之年，他每天晚上都要在睡前花时间看书。"只有对画的事物深有感触，才能够赋予画像生命，出来的作品才能栩栩如生。""只要眼睛还看得见，手还能动，有精力，我都会一直画下去。"吴梓模如是说，"学无止境，我若能活到八九十岁，画风还要更进一层。"从十几岁走街串巷画壁画到现在，不知不觉吴梓模已经为上百座老房子手工绘制了壁画。一座座的房子，就是他艺术生命的印记，也是这样一个个的工匠，让壁画走进百姓家。

课后练习题目

一、选择题

1. 早在东周春秋时期，《论语》中已经有"山节藻棁"的记载，意思是说在大斗上涂饰（   ）纹样，在短柱上绘制（   ）的图案，说明在当时古代建筑上已经出现彩绘装饰。

    A．和玺　旋子　　　　B．山状　藻类　　　　C．卷草　莲花　　　　D．云龙　龙草

2. 和玺彩画是（   ）建筑主要的彩画类型，《工程做法》中称为"合细彩画"，仅用于皇家宫殿、坛庙的主殿及堂、门等重要建筑上，是彩画中等级最高的形式。

    A．明代官式　　　　B．清代民间　　　　C．清代官式　　　　D．宋代民间

3. 中国传统建筑木构架自古均有作饰面保护，地域不同，工匠所采取方法也不同。广府地区建筑木构架一般以原木色为主，表面做（   ）防腐处理。

    A．白蜡　　　　B．清漆　　　　C．木油　　　　D．桐油

4.（   ）相对桐油彩画更加耗时，技法更加讲究，需要有非常丰富的经验积累。

    A．壁画　　　　B．漆画　　　　C．国画　　　　D．油画

5. 彩画以画作的形式运用于寺庙、祠堂等祭祀建筑中，内容既有仙灵鬼怪，亦有生活故事，更有宗教符号，起着的（   ）教化作用。

    A．尊师重道　　　　B．仁者爱人　　　　C．道不拾遗　　　　D．抑恶扬善

6.（   ）是一种反映民间世俗的形式。岭南地区传统建筑保留较完好，得益于晚清以来岭南地区祠堂、神庙建筑在民间具有崇高地位及民风比较自由。

    A．木雕　　　　B．嵌瓷　　　　C．壁画　　　　D．石雕

7. 相对古代官式建筑彩画题材贫阙的情况，（   ）百花齐放，题材和样式活泼丰富、不拘一格，广府、潮汕、客家等地民居、祠堂上饰有不少极富民间特色的彩画。

    A．岭南彩画　　　　B．旋子彩画　　　　C．苏式彩画　　　　D．和玺彩画

8. 岭南传统建筑室内的彩画在色彩选用上,以( )为主,补充了建筑本身材质所带来的冰冷感。

    A. 冷色   B. 青色   C. 灰色   D. 暖色

9. 根据传统建筑的特点,工匠对建筑进行桐油彩画创作通常是从后厅楹母八卦开始,沿( )往前门方向续步迈进。

    A. 东边   B. 北边   C. 中轴线   D. 侧轴线

10. 大漆的自然干燥需要在一个潮湿并相对( )的环境中进行,需要具备相对湿度约为70%~80%,温度约为20~30℃的环境,在这样的潮湿条件下,漆层才容易聚合成膜,干透后又不易出现裂纹、起皮、起皱等现象,而且漆膜坚硬,具备更好的物理化学特性。

    A. 寒冷   B. 凉爽   C. 干燥   D. 闷热

二、填空题

1. 彩画原是用来为木结构防潮、防腐、防蛀的,后来才突出其装饰性,宋代以后彩画已成为宫殿不可缺少的装饰艺术,彩画可分为三个等级,分别为_____、_____、_____。

2. 天然生漆是漆树身上分泌出来的一种液体,呈乳灰色,接触到空气后会氧化,逐渐变黑并坚硬起来,具有_____、_____、_____、_____、_____等特点,对人体无害,如再加入可入漆的颜料,它就变成了各种可以涂刷的色漆,经过打磨和推光后,会发出一种令人赏心悦目的光泽。

3. 壁画题材可分为_____、_____、_____、_____和_____、_____等。清代、民国广府传统建筑上多有壁画,一般绘在建筑头门里外、连廊、拜堂、后堂里正面和侧面内墙头位置。

4. 相对古代官式建筑彩画题材贫阙的情况,岭南彩画百花齐放,题材和样式活泼丰富、不拘一格,广府、潮汕、客家等地民居、祠堂上饰有不少极富民间特色的彩画,彩画不仅符合人们的视觉审美需求,更满足其心理需求,这就是彩画的象征作用。岭南彩画的作用可归纳为以下几点:_____、_____、_____、_____。

5. 彩画多数在室内或有遮掩的屋檐下,不会曝晒在阳光下。桐油彩画的载体主要有_____、_____、_____、_____、_____、_____、_____、_____和_____。

三、简答题

1. 简述岭南彩画的特点。

2. 简述桐油彩画的材料与工艺。

3. 桐油彩画一般运用在建筑的哪些部分?

4. 简述制作漆画的材料与制作工艺。

5. 简述广东壁画的种类与特点。

6. 简述泸溪壁画的特点。

7. 简述潮汕门楼肚壁画的特点。

8. 客家壁画的特点有哪些?

四、实操作业

创作一幅40厘米×27厘米的彩画作品,要求运用桐油彩画的工艺,表现"福禄寿"的主题,要求画面构图饱满,可以用人物、动物、花卉主题,也可以多种题材相结合,色彩搭配协调,造型描绘形象、细致。